男性品位书

Nanxingde Pinweishu

○有品位的男人活得有滋味○

孙颢◎编著

中国华侨出版社

图书在版编目（CIP）数据

男性品位书/孙颢编著．—北京：中国华侨出版社，
2010.9

ISBN 978－7－5113－0621－0

Ⅰ．①男…　Ⅱ．①孙…　Ⅲ．①男性—修养—通俗读物
Ⅳ．①B825－49

中国版本图书馆 CIP 数据核字（2010）第 162781 号

● **男性品位书**

编　　著/孙　颢
责任编辑/尹　影
封面设计/纸衣裳书装
经　　销/新华书店
开　　本/710×1000 毫米　1/16　印张 18　字数 220 千字
印　　刷/北京溢漾印刷有限公司
版　　次/2010 年 11 月第 1 版　2010 年 11 月第 1 次印刷
书　　号/ISBN 978－7－5113－0621－0
定　　价/32.00 元

中国华侨出版社　　　北京市安定路 20 号院 3 号楼 305 室　　　邮编 100029
法律顾问：陈鹰律师事务所
编辑部：（010）64443056　　　64443979
发行部：（010）64443051　　传真：64439708
网　　址：www.oveaschin.com
e-mail：oveaschin@sina.com

前　言

物以类聚，人以"品"分，从表面到灵魂，你的品位决定了你是什么样的人，决定了你的社会地位与自我形象。

品位用选择说话，以行动上色。无论是挑选一件衣服的品牌，还是选择一本书、一张唱片；无论是选择一种职业，还是选择一个伴侣，好品位都在影响和指导着人类行为的方方面面。

品位决定了我们的行为和语言，品位决定了我们穿衣、吃饭和谈话的方式，品位决定了我们该拥有什么、该和谁交往！

品位是一张标签。它告诉我们你是谁、你要什么，以及你有着怎样的生活方式。

在当代社会中，一个男性既是丈夫，又是儿子，又是父亲，又可能是团体的核心。所以一个具有品位的男性必须具备准确、敏锐的洞察力，杰出的创造能力，对生存环境有一定的宽容能力。还有就是真诚，多一份理解，多一份善意，这样我们的身边会更加和谐，这个世界会更加生辉！

每个男性都有自己不同的价值品位。那么，作为男性的你，你的品位是什么呢？你又该如何将自己打造得更有品位、更出色呢？本书诠释了其中的内核。

《男性品位书》包含了成为一个品位男人的诀窍。倘若能按照书里面提示的内容去做，内外兼修，你便会脱胎换骨，从一个普通男性迅速变成女人眼中的新亮点——一个极具品位的男人！

目　录

第一章　男人的品位是低调生活，高调做人

有品位的男人低调生活，高调做人。他看似碌碌无为，却对自己、对人生有着崇高的目标和追求。

第二章　男人的品位是一种高雅的情调

男人的品位是一种高雅的情调。男人的品位，并不在于男人身上的那些名牌。不是所有的金子都能发光，名贵的东西在于有素养。

第三章　男人的品位源自自身的修养

男人的品位源自男人自身的修养。有风度的男人身上才能显示出它的高贵。

第四章 男人的品位是笑对人生磨难的一种表现

　　男人的品位是男人笑对人生磨难的一种表现。男人咀嚼生活，感悟人生，在尝遍艰难困苦，历尽沧桑之后，才有这样的一种品位。男人的这种品位，常常带有一种坚不可摧的味道，在面对得失时能付之一笑，在惨遭打击时也能坚强挺立。男人的品位容不得半点儿的造作和虚假，男人的品位是岁月留在男人身上不经意间流露出来的一种东西。有品位的男人挥洒自如，不受别人左右，他总在别人觉得不可思议之处大放异彩！他不用刻意装扮自己，迎合别人，他习惯坦然面对自己，面对身边的人。他虽然一生坎坎坷坷，但他的一举手一投足，都能体现出一种与众不同、超凡脱俗的品位。平淡的生活于他充满诗意，平凡的一生他活得精彩，他的一切就像一部黑白影片，虽没色彩但却十分经典。

第五章　男人的品位是一种成熟的表现

男人的品位是男人一种成熟的表现。有品位的男人对艺术有独特的见解，对艺术大胆创新，不会对自己标新立异。

第六章　男人的品位不是金钱的产物

男人的品位不是金钱的产物，富有的男人不一定有品位。男人的品位不在于男人脖子上的金项链，男人的品位不在于男人手指上的大钻戒，男人的品位不在于男人手腕上的劳力士表，男人的品位不在于男人身上的梦特娇，男人的品位不在于男人挂在腰带上的都澎打火机，男人的品位不在于男人插在胸口上的都澎金笔，男人的品位不在于男人胸前打着的金利来领带，男人的品位不在于男人身上的袖口处还带着商标的名牌西服，男人的品位在于男人日常生活中的一点一滴。能说会道却齿留菜渣的男人没有品位，穿戴华贵却边走边剔牙的男人没有品位，留着又脏又黑长指甲的男人没有品位，穿黑皮鞋白袜子的男人没有品位，油头粉面、一派奶油小生的男人没有品位，在公众场合挖鼻孔、掏耳朵的男人没有品位，像馋嘴猫似的、来不及抹干净嘴的男人没有品位，在饭桌下偷偷脱掉鞋子的男人更加没有品位……

第七章　男人的品位是对生活的检点

男人的品位其实是男人自己对生活的检点。男人的品位不是书本、更不是由学历所带来。男人的品位是男人对人生、对自己的一种省悟。男人的品位不是男人的饰物，男人的品位是男人高尚的一种表现。男人的品位让男人洞察一切，男人的品位让男人与众不同，男人的品位让男人活得辉煌！男人的品位不是刻意的表现，男人的品位只在于男人自身的整洁大方，男人的品位是细腻及温和的象征，男人的品位是大自然的空气。

第八章　男人的品位是大智若愚的境界

男人的品位是大智若愚的一种表现。大智若愚是难得糊涂，糊涂是一种智慧，也是一种境界。糊涂人不大计较别人的态度，不会徘徊于一得一失之间。糊涂人似乎有选择性的"遗忘症"，他会很快忘记那些令人不快的人和事。所以，在他的周围似乎总是风轻云淡，少了诸多是非。糊涂一点儿，成了现代男人享受生活的新途径。

第九章　男人的品位是有一个健康的体魄

有些现代男人在追求高品质生活的同时，却不自觉地陷入了误区：拼命工作、拼命享受、吃喝玩乐以及无休止的夜生活，等等，这样的生活无不以损害健康为代价。只有拥有健康，才能谈得上高品质，"以健康为中心"是这个时代赋予男人"高品质生活"的新的内涵。

第十章　男人的品位是享受生命的每一天

在喧嚣的尘世中，在熙熙攘攘的人群中，男人总是脚步匆匆地追逐成功，而忽略了自己的生活。事实上，人活着不只是为了追求成功，更是为了感受幸福。所以，男人应当为自己留下一点儿空闲时间去经营亲情、爱情，培养爱好，放松身心。只知道奋斗不懈，不懂得休闲，只会使幸福渐行渐远。

第一章
男人的品位是低调生活，高调做人

有品位的男人低调生活，高调做人。他看似碌碌无为，却对
自己、对人生有着崇高的目标和追求。

江海放低了自己，所以容纳了百川

海纳百川，有容乃大。江海之所以伟大，是因为身处低下，方能成为百川之王。一个男人，要想拥有江海的事业和辉煌，首先要拥有容得下百川的心胸和气量。

一个失望的年轻人，千里迢迢地来到法门寺，对释家学者法明说："我一心一意要学丹青，但至今仍没能找到一个令我满意的老师。"

法明笑笑，问："你走南闯北十几年，真没能找到一个令自己满意的老师吗？"年轻人深深地叹了口气说："许多人都是徒有虚名啊，我见过他们的画，有的画技甚至还不如我呢！"法明听了，淡淡一笑，说："我虽然不懂丹青，但也颇爱收集一些名家精品。既然施主的画技不比那些名家逊色，就烦请施主为老僧留下一幅墨宝吧。"说着，便吩咐一个小和尚拿了笔墨砚和一沓宣纸。

法明接着说："我最大的嗜好，就是爱品茗饮茶，尤其喜爱那些造型流畅的古朴茶具。施主可否为我画一个茶杯和一个茶壶？"

年轻人听了，说："这还不容易？"于是调了浓墨，铺开宣纸，寥寥数笔，就画出一个倾斜的水壶和一个造型典雅的茶杯。那水壶的壶嘴正徐徐吐出一脉茶水来，注入到茶杯中去。年轻人问法明："这幅画您满意吗？"

法明微微一笑，摇了摇头。他说道："你画得确实不错，只是把茶壶和茶杯放错位置了。应该是茶杯在上，茶壶在下呀。"

年轻人听了，笑道："大师为何如此糊涂？哪有茶壶往茶杯里注水，而茶杯在上，茶壶在下的？"

法明听了又微微一笑说："原来你懂得这个道理啊！你渴望自己的杯子里能注入那些丹青高手的香茗，但你总把自己的杯子放得比那些茶壶还要高，香茗怎么能注入你的杯子里呢？正如江海涧谷只有把自己放低，才能吸纳融汇百川，形成汹涌之势啊。"

年轻人听罢，顿时有所领悟。

待人接物时，男人首先要学会把自己放低，才能容纳一切。"容人须学海，十分满尚纳百川。"

宽容待人，就是在心理上接纳别人、理解别人的处世方法，尊重别人的处世原则。男人在接受别人的长处之时，也要接受别人的短处、缺点与错误，这样才能真正地和平相处，社会才显得和谐。俗语讲，眉间放一"宽"字，不但自己轻松自在，别人也舒服自然。容纳是一种豁达的风范，对于人生，也许只有拥有一颗容纳的心，才能面对自己的人生。

容纳就是在别人和自己意见不一致时也不要计较。从心理学角度看，任何的想法都有其来由，任何的动机都有一定的诱因。了解对方想法的根源，找到他们意见提出的原因，就能够设身处地地为对方着想，这样自己提出的方案也就更能够契合对方的心理而被对方接受。

容纳，是一种看不见的幸福。原谅别人，不但给了别人机会，也赢得了别人的信任和尊敬，自己也能够与他人和睦相处。

容纳更是一种财富，拥有宽容，是拥有一颗善良、真诚的心。这是一笔易于拥有的财富，它随着时间的推移而升值，它会把精神转化为物质，它是一盏绿灯，帮助男人在工作中通行。选择了容纳，便赢得了财富。

玩弄机巧，不如向平实处努力

曾经流行一个词语叫"包装"，就是把自我宣传好，把缺点掩饰起来，把优点放大。在一个流行社交应酬，盛行宣传、广告、包装的商品时代，"笨人"无疑是可笑的。但实际上，人际关系最根本的在于真、在于诚。一个男人，无论交际的技巧如何熟练，若无善心，工于心计，其处世不会顺畅，交友不会长久。

宋儒吕本中在《童蒙训》中说："每事无不端正，则心自正焉。"有了诚心方能办成事。交友、处世首先不是技巧问题，而是诚心问题。所以他认为"凡人为事，须是由衷方可，若矫饰为之，恐不免有变时。任诚而已，虽时有失，亦不复藏使人不知，便改之而已"。这就是说，待人处世不应虚情假意、矫揉造作、言不由衷、口是心非。

低调学提倡，首先是要学"笨"些，而不是学"精"，就是说，要多保持一些诚实的东西，少来些虚假的东西，照此法做必有大成就。

一个男人若顺着商业化社会那种只重交际技巧、矫揉造作的路子发展，不会有大作为，充其量只能当个公共关系部的主任。

人生处世要放远目光，大智若愚，这是中国大儒们所努力追求的。曾国藩在给其弟的信中就说明了这点，他这样写道：

弟来信自认为属于忠厚老实人，我也相信自己是老实人。但只因为世事沧桑看得多了，饱经世故，有时多少用一点儿机巧诈变，使自己变坏了。实际上因这些机巧诈变之术总不如人家得心应手，徒然让人笑话，使人怀恨，有什么好处呢？这几天静思猛省，不如一心向平实处努力，让自己忠厚老实的本质还我以真实的一面，回复我的本性。贤弟此刻在外，也要尽早回复忠厚老实的本性，千万不要走入机巧诈变那条路，那会越走越卑下。即使别人以巧诈我，我仍旧以淳朴厚实待他，以真诚耿直待他，久而久之，人家有意见也会消解；如一味钩心斗角，互不相让，那么，冤冤相报就不会有终止的时候了。

曾国藩是最反对人有傲气的，他在家书中，指出傲气是人生一大祸害，一定要根除。他说，古来谈到因恶德坏事的大致有两条：一是恃才傲物，二是多言。丹朱（尧帝的儿子）做得不好的地方，就是骄傲和奸巧好讼，也就是多言。纵观历代名公巨卿，很多是德中的一种傲气吧；不太多言，但笔端多少有些近乎巧诈。静时暗中检讨自己的过失，我之所以处处被人怪罪，其根源亦不外乎这两条。温弟性格大致与我相似，而言辞更为尖刻。凡以傲气凌人，不一定非得以言语相加，有以神气凌人的，有以脸色凌人的……大抵心中不能总记着自己的长处，否则就一定会从面容神态上表现出来。从门第看，我的声望大增，正担心会影响到家中子弟；从个人才识看，现今军旅中锻炼出很多人才，我们也没有什么特别超过人家的地方，都不可倚仗。只有兢兢业业，放下架子，把忠信笃敬贯彻到一切言行中，才多少能弥补一些旧时的过失，整顿出新的气象。不然，人人都会讨厌和小看我们了。

在另一封信中他又讲到这个问题，告诫其弟一定要戒牢骚。他说，在几个弟弟中，温弟的先天资本是最好的，只是牢骚太多，性情太懒。以前在京城就不爱读书，又不爱作文。当时我就很担心这一点。最近听说回家以后，还是像过去那样牢骚满腹，有时几个月不提笔作文。我们家如果没有人一个一个相继做出大的成就，其他几个弟弟还可以不过分追究责任。温弟就实在是自暴自弃，不应把责任完全推脱给命运。我曾见过我朋友中那些爱发牢骚的人，以后一定会遇到很多的挫折。……这是因为无故埋怨上天，上天就不会给他好运；无故埋怨别人，别人也绝不会心服。因果报应的道理，自然随之应验。温弟现在的处境，是读书人中最顺畅的境地，却动不动就牢骚满腹，怨天尤人，一百个不如愿，这实在叫我不可理解。以后一定要努力戒除这个毛病，……只要遇到想发牢骚的时候，就反躬自问："我是不是真有什么毛病，以致心中这样地不平静？"下狠心自我反省，下决心戒除不足，就会有祸患。心平气和、谦虚恭谨，不仅可以早得功名，而且始终保持这种平和的心境，还可以消灾减病。

盛气凌人也罢，牢骚太盛也罢，都是自傲的一种表现。自傲是人生一大误区。有人认为老实人吃亏，其实都是短视。做人自谦，从个人来说这是最老实的态度。世界之大，无奇不有，个人无论如何神通，也不过是宇宙间的一粒尘埃而已。更何况天外有天，人外有人，水平高的人多得是，只是你未看见而已。从外人来说，自谦也是最实际的。夹着尾巴做人不是虚伪，而是诚心。

朱熹在给其长子的家信中说："凡事谦恭，不得盛气凌人，自取耻辱。"这就是说自谦招福，自傲招害。《三国演义》中的马谡纸上谈兵，盛气凌人，结果兵败人亡。所以《颜氏家训》中说："满招损，谦受益"，真是为人之真言。由此而言，尾巴不应夹起来，而是应该永远放下来，不是迫于外界而是感于内心。这样做看似软弱，一时还会让小人得志，其实笑到最后的一定是你。男人的低调正是人生的高明之处，正是在于着眼于大处，着眼于长远。

一个懂得吃亏的人才能占到真便宜

有一位先生谈起他对"吃亏是福"这句格言体会时说，他信奉"吃亏是福"，并非出自对字面意义的理解，也非来自高人的点化，而完全源于自己对现实生活的切身体验。为此，他虽然经常搬家，但始终舍不得丢弃那幅只花了两元人民币、从小贩手中买来的郑板桥的手迹拓片复制品："吃亏是福"。

他当年高考落榜后回乡种田，不久便碰上了实行生产承包责任制，生产队分田分地的时候，有块易遭旱涝的田没人想要。他当时劝父亲说："咱们要了吧！"父亲当时用惊讶的目光看了他很久，郑重地问道："你不怕吃亏？"

他点头称是："那块田总得有人要，即使吃亏，也得有人吃啊！"父亲一拍他的肩头，拍板道："好小子，敢吃亏，有种、有出息！"于是，他们主动包下了那块田，使得生产队划分责任田的工作顺利地完成了。由于他们敢于吃亏，解决了难题，大家自然感激地夸奖这个小伙子。

田地分了下来，为了使那块易遭旱涝的田旱涝保收，他和父亲起早贪黑，加固田基，砌高堤坡，又架了一条渡槽引水灌溉，一年之后这块田真的成了一块良田，他们也由此获取了意想不到的利益，因为这块田当初没人要，包产基数很低，如今被他们改造成了旱涝丰收的良田，产量翻了几番，他家每年打下的粮食都要比别人多。看着金灿灿的谷子堆满粮仓，父亲乐呵呵地说："娃呀，吃亏是福呢！"父亲无意说出的这句话，却引起了他灵魂的一阵触动，他开始思索这句格言的含义。

然而，从他吃亏开始，"福"也开始来了，他的命运也在悄然地发生变化。第三年秋收之后，乡里决定在每个村选拔一名德才兼备的年轻人担任村干部。乡亲们一致推举了他，说他品行端正，文才出众，肯为乡亲们帮忙。一位老者还握着副书记的手恳求说："这娃吃得了亏，让他当干部咱们放心！"

就这样，他被推上了村委会副主任的位置，那年他 22 岁。他是带着感动走马上任的，丝毫不敢懈怠，怕辜负了乡亲们的信任和期望。在村干部班子里，他是个"娃娃干部"，只有扎扎实实地工作。有些事，明明是吃亏的，心里也不想做，但又不能不做。渐渐地，他开始获得了村、乡领导的好评和信任，在群众中也获得了良好的口碑。

又过了两年，县里要从村干部中吸收一批年轻村干部转为国家干部，他也报名参加了考试，但考试成绩不太冒尖，所以他并未抱太大的希望。考核小组来村里考核，全村老少对他交口称赞，考核会变成了他的"事迹搜集会"，大家历数了他"吃得亏"的十大事迹，连考核小组的同志也为之感动了，结果他的考核被打了满分，综合考评成绩一跃高居榜首，很顺利地由一名"农民干部"变成了"国家干部"。那块象征着他"吃得亏"的田地也因他"农转非"退回了村里……

在开始安排他在乡里工作时，他也能吃亏，别人不愿干的烦琐、辛苦的事他都主动承担，特别是抄抄写写的事都由他干。当时，外出联系工作、跑上级单位、找领导的事别人抢着做，他主动退让，周围的同事纷纷提升了，他却原位不动，但也毫不计较。他能吃亏的品格和能力终于得到领导和同志们的赞赏，受到了重用。

如今，"吃亏"仍如影随形地每一天都伴随着他。这种"亏"吃得多了，使他长了见识，找到了自己的定位，不再受欲望驱使而胡撞乱碰，而是一步步向前迈进。如果与人合伙干事业，他从不斤斤计较得与失，更不会去算计别人而损人利己，而是千方百计地把事情干好，哪怕亏本，也不愿放弃承诺。这些事表面看来他吃了亏，可却在同仁和朋友中树立了良好的信誉和口碑：与他合作没说的，他不会算计人，吃得了亏，完全可以放心！与他合作的人多了，得益多的还不是他吗？

在他人生的字典里，他不把"吃亏是福"当成一种教义和一个口号，而是当成一种信念、一种行动。这个世界确实没几个人肯吃亏了，但正因为没人肯吃亏，结果大家都吃了亏；也正因为有少数人有意或无意间吃了亏，到头来他们却得了利。一个男人，倘若想成为一个有品位的人，就得学会吃亏，敢于吃亏！

老把自己当珍珠，就有被埋没的痛苦

　　年长的人总忘不了给那些踌躇满志的年轻人以忠告：在人生的道路上，要把自己看轻些。这忠告，尽管包含了几缕沧桑，但更多的是对自我的超越。它不是自卑，也不是怯懦，而是清醒中的一种苦心经营。

　　谁不想让自己的人生放出夺目之光？人往高处走，水往低处流，这是必然的轨迹。只是每个人虽都有良好的愿望，但不一定人人都能够到达成功的彼岸。因为它还取决于自我对人生的理解、对人生的把握、对人生做出的应有的姿态。

　　一个自以为是的人往往看不到别人的优秀与成绩，一个沉湎于过往的失败、愤世嫉俗的人往往看不到世界的精彩与繁华。只有把自己看轻些，才会不断地自我否定，不断地提高自身修养；才会在挑战面前自信沉着，冷静对待；才会在挫折面前一笑了之，屡败屡战。当阳光驱散最后一丝阴云，你会发现看轻自己是一种多么超凡脱俗的境界：淡泊明志，宁静致远。

　　1775 年 6 月，在波士顿郊区来克星顿和康科德的抗英战斗爆发后的几星期，乔治·华盛顿被提名为大陆军总司令的候选人，并获得大陆议会投票通过。然而，年仅 34 岁的华盛顿眼睛里闪烁着泪花，对人们说了这样一句话："这将成为我的声誉日益下降的开始。"

是啊，华盛顿获得提名后，并没有陶醉于荣誉中，相反，他首先考虑的是自己与大陆军总司令所必须具备的条件之间的差距，以及不排除别人在背后议论、指指点点等等。这就使他对自己以后的工作提出了更高的要求。我们是不是可以这样说呢，他把自己的位置放在最低处，看轻自己，为他以后当选为大陆军总司令和荣任美国第一届总统奠定了人格基础？

诗人鲁藜曾说："还是把自己当做泥土吧，老是把自己当做珍珠，就时时有被埋没的痛苦。如果在一个群体里，老把自己当做主角，别人不仅不会接受你，反而会嘲笑你。"把自己看轻不是自暴自弃，也不是胆怯懦弱。看轻自己，你的谦逊必能为大家所折服。你越看轻自己，就越能被人看重。

有一位省长，在他三十多岁担任矿务局局长时，有一段时间被派去监督劳动，可工人们不让他去危险的地方，他们说："看你不是坏人，将来国家要用你。"这怎么能不令他感激涕零？道理自然明显，他能获取普通工人这份最真诚的关爱，自是一直以来放低自己的位置、把工人看重的结果。走上领导岗位后，他每年总是拿出一定的资金进行安全设施的更新换代，以改善工人的安全条件。他每年都去看望他们。他说："我不考虑继任者怎么评论我，关键是老百姓怎么评论我。"这肺腑之言，不是为看轻自我作了最生动的注解吗？

看轻自我的人从不轻易放弃。他们深知，能否成功是上天的安排，然而是否去追求成功却在于自我的努力。

看轻自我的人总是不知足，对于成功总是低调却执著地追求。聪明睿智，守之以愚；功被天下，守之以让；勇力振世，守之以怯；富有四海，守之以谦。

看轻自我的人，总是把过去的成功抛之脑后，在前进的道路上迈向更高的平台；看轻自我，是把面临的挑战作为一种潜在的动力，心静如水，勇敢地去迎接；看轻自我，是全身心地去展现自我，乐观、自信、充满活力。

所以，努力去做一个看轻自我的男人，即使面临的将是一座难以攀登的高峰，也会以平和的心态去面对。别太拿自己当回事儿，其实是一种福分。

学会忘却，超然洒脱

低调的人认为能够忘却是一种境界，正如庄子所说："至人无己，神人无功，圣人无名。"

忘却是一件极为常见的事。人生在世不可能万事都那么一帆风顺，没有坎坷，每个人都会有挫折、有失败，这样就渐渐地使人产生了不好的情绪，同时也给人带来了负面的影响。为过去发生的事情追悔不已，但是后悔也改变不了已发生的事态，要使过去的失败具有真正积极的意义，唯一的方法就是冷静地分析原因。

为了调整和改善我们的心态，提高自己的生活质量，男人必须学会忘却。

心理学家柏格森说："脑子的作用不仅仅是帮助我们记忆，而且也帮助我们忘却。"其用意就在于提醒人们，要不停地对自己的情绪进行调整，懂得忘却过去的失败与不愉快之事。

著名教育家拿破仑·希尔有过这样的描述：

我曾开办过一个非常大的成人教育机构，在很多城市里都有分部，在管理费用上的投资非常大。我当时因为工作繁忙，没有精力和时间去管理财务问题，但也没有授权让任何人来管理各项收支。过了一段时间，我惊奇地发现，虽然我们投入非常多，但却没有得到相应的利润。我经过一番认真的思考后，决定从两个方面来进行改变：

第一，我应该用足够的勇气和智慧忘掉一切，就像黑人科学家乔治·华盛顿·卡佛尔做的那样，他承受住了将自己毕生的积蓄从银行账户转给别人的打击。

当有人问他是否知道自己已经破产时，他回答说："是的，也许像你所说。"然后继续做自己喜欢做的事情。

他把这笔损失从他的记忆里抹掉，以后再也没有提起过。

第二，我应当做的另一件事就是把自己失败的原因找出来，记住惨痛的教训，然后从中学到一些有用的经验。

但是说实话，这两件事我一样也没有做，相反地，我却沉浸在经常性的忧虑与痛苦中。一连好几个月我都恍恍惚惚的，睡不好，体重也减轻了很多，不但没有从这次失败中学到教训，反而接着又犯了同一个错误。

对我来说，要承认以前这种愚蠢的行为，实在是一件很为难的事。

我早就发现："去指挥、教导 20 个人怎么做，比自己一个人真正去做要容易多了。"

曾教过我生理课的一位老教授给了我最有意义的一课，我为此受益终生。

那时我才十几岁，但是我好像常常为很多事发愁。我常常为自己犯过的错误而哀叹不已，考完试以后，我常常会半夜里睡不着，总是担心自己考不及格。追悔我做过的那些事情，后悔当初那样做。我总爱反思我说过的一些话，总希望当时能把那些话说得更好。

一天早上，我们全班到了科学实验室，教授把一瓶牛奶放在桌子边上。我们都坐着，望着那瓶牛奶，不知道牛奶跟生理卫生课有什么关系。然后，教授突然站了起来，看似不小心似地一碰，把那瓶牛奶打翻在地。然后，他在黑板上写道："不要为打翻了的牛奶而哭泣。"

"好好地看一看，"教授叫我们所有的人仔细看看那瓶被打翻的牛奶，"我要你们永远都记住这一刻，这瓶牛奶已经没有了，它都漏光了。无论你怎么着急、怎么抱怨，都没有办法再收回一滴奶。我们现在所能做的，只是把它忘掉，丢开这件事情，只注意下一件事。"

我早已忘了我所学过的几何和拉丁文，这短短的一课却让我记忆犹新。后来，我发现这件事在实际生活中所教给我的，比我在高中读了那么多年书所学到的都有意义。它教我懂得：尽量不要打翻牛奶，但当它已经漏光了的时候，就要彻底把这件事情忘掉。

的确，这句话很普通，也可以算是老生常谈了。可是像这样的老生常谈，却包含了多少代人所积聚的智慧，这是人类经验的结晶，是世世代代流传下来的。

男人，也许你不会看到比"船到桥头自然直"和"不要为打翻的牛奶而哭泣"更基本、更有用的常识了。只要你能运用它们，不轻视它们，你就能在现实生活中心胸开阔，以更好的心态去面对明天。

放下架子才不会成为"孤家寡人"

自傲的人往往惹人讨厌，若因为身居高位便洋洋自得，摆出一副"黑"的模样，那么，他离倒霉不远了。高傲者纵然有功绩，但也会令人唾弃。

五代时，骁将王景有勇无谋，凭一身武艺为梁、晋、汉、周四朝效力，做到了节度使，宋初被封为太原郡王，死后被追封岐王。他的几个儿子也和他一样，除骑射之外别无所长。大儿子王迁义跟随宋太祖打天下，功不大，官不高，却自以为了不起，好夸海口，经常抬出他父亲的大名来炫耀，逢人便宣称"我是当代王景之子！"人们听着好笑，都称他为"王当代"。

这样的人在现实生活中还是经常能看到的。具有骄矜之气的人，大多自以为能力很强，很了不起，做事比别人强，看不起别人。由于骄傲，他们往往听不进别人的意见；由于自大，他们做事专横，轻视有才能的人，看不到别人的长处。

话又说回来，从整个社会来讲，还是得有人管理、有人做官。对做官者来说，要注意的是，忘记地位也就是放下官架子，真正地把自己视为普通人，不要把自己放在别人之上，觉得自己高人一等。

有人说："不论官级大小，要想真正做到不摆架子还真不容易。"原来，他不久前去参加一个非专业性会议，到会六十多人，没人认识他这个处级干部，也没人理他。他自己由于当了几年官，已经养成了让别人找自己搭话、围着自己转的习惯，当然不会自己去找别人聊天。结果是游玩时，别人成群结队，有说有笑，玩得很开心，而他却独自一人，玩得很乏味。这个人后来才想到，自己很少找别人聊，天天又板着一副面孔，别人当然不会与自己结交。意识到这一点后，他就主动找别人聊，会议结束时也交了几位朋友。

若放不下架子，无法忘记自己的地位，就听不到下级或群众的意见，就会自己孤立自己。

越是摆架子，挖空心思地想得到别人的崇拜，你越不能得到它。能否获得别人的崇拜，取决于值不值得别人尊重，有无虚怀若谷的胸襟。想靠巧取豪夺是行不通的，你得名副其实，且耐心地等待才成。

身处的职位越高，越要求你具备相应的威严和礼仪，不要摆架子，扮"黑脸"，翘尾巴。即便是国王，他之所以受到尊敬，也应该是由于他本人当之无愧，而不是因为他的那些堂而皇之的排场及其他因素。

据《战国策》记载：魏文侯太子击在路上遇到了文侯的老师田子方。击下车跪拜，田子方不还礼。击大怒说："真不知道是富贵者可以对人傲慢无礼，还是贫贱者可以对人骄傲？"田子方说："当然是贫贱的人对人可以傲慢，富贵者怎敢对人骄傲无礼？国君对人傲慢会失去政权，大夫对人傲慢会失去领地，只有贫贱者计谋不被别人使用，行为又不合于当权者的意思。不就是穿起鞋子走人吗？到哪里不是贫贱，难道他还会怕贫贱？会怕失去什么吗？"太子见了魏文侯，就把遇到田子方的事说了，魏文侯感叹道："没有田子方，我怎能听到贤人的言论呢？"

富贵者、当权者本来就容易骄傲，看不起地位低的人。但是作为统治者，如果不能礼贤下士、虚心受教，当权者就可能因为自己的骄矜之气而失去政权，富贵者则可能因此而失去自己的财势。

在现实社会中，有的男人在获得成功后往往居功自傲、唯我独尊、狂妄自大，这种人个性意识一旦得到强化，轻则滋生骄傲自满的心理，重则无视国法，甚至走向自我毁灭之路。

牢记自满招损，才能长安久乐

即使成名成家后也要谦和礼让，一方面，名是相对的，知识是无止境的，满招损，谦受益；另一方面，如果你居功自傲、狂妄自大，别人就会不理你那一套。《王阳明全集》卷八中这样写道："今人病痛，大抵只是傲。千罪百恶，皆从傲上来。傲则自高自大，不肯屈下人。故为子而傲必不能孝，为弟而傲必不能悌，为臣而傲必不能忠。"因此狷狂必忍，否则害人害己。

如何忍傲忍狂？王阳明认为：狷狂、傲慢的反面是谦逊，谦逊是对症之药，真正的谦虚不是表面的恭敬、外貌的卑逊，而是发自内心地认识到狷狂之害，发自内心的谦和。自我克制，懂得进退，常常能发现自己不如别人的地方，虚心接受别人的批评指正，认真倾听，下礼以待人。不自是，不居功，择善而从，自反自省，忍狂制傲，方可成大事。

如果一个男人骄傲自满、狂妄自大、道德不修，即便是亲近的人，也会厌恶你而离你远去。古代像禹、汤这样道德高尚的人，尚怀自满招损的恐惧，那么普通人，德行与之相比差得更远，怎么能够不去克制自己的狂妄、自满之心呢？

但是世间又有多少男人能够明白这个道理呢？关羽是智勇双全的人物，但也有自满之时。他出师北进，俘虏了魏国将军于禁，并将征南将军曹仁围困在樊城。

镇守陆口的吴国大将吕蒙回到建业，称病要休养，陆逊去看望他，两个人谈论起国事、兵事。陆逊说："关羽节节胜利，经常侵凌别人，现在他又立下了大功，就更加自负自满。现在他又听说你生了病，对我们防范就有可能松懈下来。他一心只想讨伐魏国，如果此时我们出其不意地进攻，肯定能打他个措手不及。"后来吕蒙向孙权推荐陆逊代替自己前去陆口镇守。

年轻的陆逊一到陆口，马上给关羽写信："前不久您巧袭魏军，只用了极少的兵力便获得了很大的胜利，立下了赫赫战功，这是多么了不起的事！敌军大败，对我们盟国也是十分有利的。我刚来这里任职，没有经验，学识也浅薄，一直很敬仰您，故恳请指教。"又吹捧关羽说："以前晋文在城濮之战中所立的战功，韩信在灭赵中所用的计策，也无法与将军您相比。"

这些吹捧使关羽自满大意，对吴国放心了，而陆逊暗中加紧准备，条件具备后，大军到达，立刻攻下了蜀中要地南郡，擒杀了关羽。

如果一个男人喜欢自大自夸，就算是有了一些美德，有了一些功劳和成绩，最终也会丧失掉。过分炫耀自己的能力，看不起他人，就会失去自己的功劳。

西汉张良，年少时在下邳游历，在一座桥上遇到黄石公。

张良替老人家穿鞋，因而从黄石公那儿得到一本书，是《太公兵法》的真传。后来他追随汉高祖平定天下后，汉高祖封他为留侯。张良说道："凭一张利嘴成为皇帝的军师，并且被封了万户子民，位居列侯之中，这是平民百姓最大的荣耀，在我张良是很满足了，我愿意放弃人世间的纠纷，随赤松子去云游。"

司马迁评价他说："张良这个人通达事理，把功名看成身外之物，不看重荣华富贵。"

张良的祖先是韩国人，伯父和父亲曾是韩国宰相。韩国被秦灭后，张良力图复国，曾说服项梁（项羽的叔父）立韩王成。后来韩王成被项羽所杀，张良复国无望，重归刘邦。楚汉战争中，张良多次献出良计，使刘邦险中转胜。鸿门宴中，张良以过人的智慧保护了刘邦，使他安全脱离险境。刘邦采纳张良不分封割地的主张，阻止了再次分裂天下。与项羽签订和约划分楚河汉界后，刘邦意欲进入关中休整军队，张良劝阻，认为应不失时机地对项羽发动攻击。最后与韩信等在垓下全歼项羽的楚军，打下汉室江山。

公元前201年，刘邦江山坐定，册封功臣。萧何安邦定国，功高盖世，列侯中所享封邑最多。其次是张良，欲封给张良齐地三万户，张良不受，推辞说："当初我在下邳起兵，同皇上在留县会合，这是上天有意把我交给您使用。皇上对我的计策能够采纳，我感到十分荣幸，我希望封留县就够了，不敢接受齐地三万户。"张良选择的留县最多不过万户，而且还没有齐地富饶。张良回到封地留县后，潜心读书，搜集整理了大量的军事著作，为当时汉朝的军事发展作出了重要的贡献。

汉王朝的江山虽然已经巩固，但统治集团内部的明争暗斗仍然激烈复杂，稍有不慎，就会卷进残酷的政治斗争中，轻则落得身败名裂，重则身首异处。张良不但在处理各种复杂问题上表现出过人的智慧，在功成名就时不贪功、不争利，以忍让保全自身的高尚品质更是难能可贵。

不必轻易张扬个性

男人可能都认为个性很重要，他们最喜欢做的就是张扬个性。他们最喜欢引用的格言是：走自己的路，让别人去说吧！

时下的种种媒体，包括图书、杂志、电视等也都在宣扬个性的重要性。

我们可以看到许多名人都有非常突出的个性：爱因斯坦在日常生

活中非常不拘小节，巴顿将军性格极其粗暴，画家梵高是一个缺少理性、充满了艺术妄想的人。

名人因为有突出的成就，所以他们许多怪异的行为往往被社会广为宣传。有的男人甚至产生这样的错觉：怪异的行为正是名人和天才人物的标志，是其成功的秘诀。我们只要分析一下，就会发现这种想法是十分荒谬的。

名人确实有突出的个性，但他们的这种个性往往表现在创作的才华和能力之中。正是他们的成就和才华，使他们特殊的个性得到了社会的肯定。如果是一般的人，一个没有多少本领的人，他们的那些特殊的行为可能只会得到别人的嘲笑。

男人为什么那么喜欢谈个性，那么喜欢张扬个性呢？我们先探讨一下男人所张扬的个性的具体内容是什么。

他们张扬的个性有相当一部分是一种习气，是一种希望自己能任性地为所欲为的愿望。男人有许多情绪，他们希望畅快地发泄自己的情绪。他们不希望把自己的行为束缚在复杂的条条框框中，所以男人喜欢张扬个性。

张扬个性肯定要比压抑个性舒服。但是，如果张扬个性仅仅是一种任性，仅仅是一种意气用事，甚至是对自己的缺陷和陋习的一种放纵的话，那么，这样的张扬个性对男人的前途肯定是没有好处的。

大多数男人都非常喜欢引用但丁的一句名言："走自己的路，让别人去说吧！"但作为一个社会中的人，你真的能这么"洒脱"吗？比如你走在公路上，如果仅仅走自己的路而不注意交通规则的话，警察就会来干涉你，会罚你的款。如果你走路时不注意安全，横冲直撞的话，还有可能出车祸。所以"走自己的路，让别人去说吧"这种态度在现实生活中是行不通的。社会是一个由无数个体组成的群体，每个人的生存空间并不是很大。所以，当你想伸展四肢舒服一下的时候，必须注意不要碰到别人。当你张扬个性的时候，必须考虑到你张扬的是什么，必须注意到别人的接受程度。如果你的这种个性是一种非常明显的缺点，你最好还是把它改掉，而不是去张扬它。

男人必须注意：不要使张扬个性成为你纵容自己缺点的一种漂亮的借口。社会需要人们创造价值，社会首先关注的是人们的工作品质是否有利于创造价值。个性也不例外，只有当你的个性有利于创造价值，是一种生产型的个性，你的个性才能被社会接受。

巴顿将军性格粗暴，他之所以能被周围的人接受，原因是他是一个优秀的将军，他能打仗，否则他也会因为性格的粗暴而遭到社会的排斥。

所以，作为男人应该明白：社会需要的是生产型的个性，只有你的个性能融合到创造性的才华和能力之中，你的个性才能够被社会接受，如果你的个性没有表现为一种才能，而只是仅仅表现为一种脾气，它往往只能给你带来不好的结果。

在自己的能力范围内量力而行

有很多男人不敢去追求成功，不是追求不到成功，而是因为他们在内心深处默认了一个"高度"，这个高度常常暗示自己的潜意识：成功是不可能的，这是没有办法做到的。"心理高度"是人无法取得成就的根本原因之一。但如果你设定了符合自己能力的目标，亦步亦个脚印地走下去，反而能踏踏实实地实现目的。

有一位武术大师隐居于山林中。听到他的名声，人们都千里迢迢来寻找他，想跟他学些武术方面的窍门。

他们到达深山的时候，发现大师正在山谷里挑水。

他挑得不多，两只木桶里的水都没有装满。

按他们的想象，大师应该能够挑很大的桶，而且应该挑得满满的。

他们不解地问："大师，这是什么道理？"

大师说："挑水之道并不在于挑多，而在于挑得够用。一味贪多，适得其反。"

众人越发不解。

大师从他们中拉了一个人，让他重新从山谷里打了满满两桶水。

那人挑得非常吃力，摇摇晃晃，没走几步就跌倒在地，水全都洒了，那人的膝盖也摔破了。

"水洒了，岂不是还得回头重打一桶吗？膝盖破了，走路艰难，岂不是比刚才挑得还少吗？"大师说。

"大师，请问具体挑多少合适？怎么估计呢？"

大师笑道："你们看这个桶。"

众人看去，见桶里划了一条线。

大师说："这条线是底线，水绝对不能高于这条线，高于这条线就超过了自己的能力和需要。起初还需要划一条线，挑的次数多了以后就不用看那条线了，凭感觉就知道是多是少。有了这条线，可以提醒我们，凡事要尽力而为，也要量力而行。"

众人又问："请问底线应该定多低呢？"

大师说："一般来说，越低越好，因为低的目标容易实现，人的勇气不容易受到挫伤，相反会激发起更大的兴趣和热情，长此以往，循序渐进，自然会挑得更多、走得更稳。"

第二章
男人的品位是一种高雅的情调

男人的品位是一种高雅的情调。男人的品位,并不在于男人身上的那些名牌。不是所有的金子都能发光,名贵的东西在于有素养。

雅与俗的辩证

雅与俗是评价一个男人品位的通用标准。一个男人的品位是高雅还是低俗，首先取决于他在这方面的价值观。只有在他对高雅的含义有一个清晰的界定后，他才能以此来要求自己做出高雅的事儿来。相反，那些低俗之人并不全是成心和自己的品位过不去，而是他们模糊了雅与俗的界限，误将低俗当高雅，结果使自己的品位很低。比如，有人在公共场所吸烟，其他人对此嗤之以鼻，而他本人却以为这是一件非常潇洒的事，自我感觉非常良好。

那么，何为雅？何为俗？

这里首先要解决"俗"的问题，"俗"的问题解决了，"雅"自然就水落石出。

俗的表现方式有很多。首先，吹毛求疵、嫉妒别人、对小事耿耿于怀、好冲动就是一个低俗的人的一些表现。这样的人总爱疑神疑鬼，当看到别人聚在一起谈论时，便以为是在谈论有关他的事情。有时他为了展现自己所谓的个性，常常弄出一些可笑的场面。而有品位的人则恰恰相反。有品位的人不会计较一些鸡毛蒜皮的小事，更不会怀疑自己受到了轻视或嘲笑，即便事实真的如此，他也会毫不在意，他宁愿保持沉默，也尽量不与人争吵。低俗的人喜爱探听市井流言，醉心于家庭小事；高雅的人则不会蝇营狗苟，为家庭琐事而纠缠不清。

其次是语言的低俗。有品位的人对自己的语言是极其在意的。他们说话时谦虚有礼，而低俗的人却巧言善辩，而且喜欢套用谚语和陈词滥调。有些时候，他会经常使用一些挂在嘴边的口头禅，会不顾场合地胡乱使用，比如"气死了"、"丑死了"等等。低俗的人有时还爱使用一些晦涩难懂的词句，他极力表现自己说得正确，以显示自己与上流人士没什么不同。

拙劣的语言、不雅的行为很容易显示出一个人低下的教育水平和低劣的朋友圈子。而常与有品位的人士接触，则会改变一个人的言行举止。

一个男人内在的德行和知识常会从他得体的衣着、优雅的风度上表现出来。衣着和风度的作用就像光泽之于钻石，不论钻石有多贵重，没有光泽也不会有人佩带。在生意场上，风度举止尤其重要。如果一个男人行动仓促匆忙，言语强硬粗俗，则会给对方造成不快，甚至会惹怒对方。这样的后果可想而知，是绝不会令人满意。

高品位的生活方式绝不是粗俗、浮躁之人所能自觉地做到的，它需要一种心灵的基础，也就是一种心灵的锤炼。

这就是人们所提倡的人生修养。有了修养，一个男人才能实现幸福、生命和价值的目标，才能对生命意义的获得有一种全新的认知。诚如毛泽东所说：这时你才能"成为一个高尚的人，一个纯粹的人，一个有价值的人，一个脱离了低级趣味的人"。否则，财富、荣辱、地位、权力……对于你来说都可能是很遥远的概念。

对人生修养的认知，是那些能够超越世俗得失的人生价值取向，以直观之心俯视人生运程，是孔子的"逝者如斯夫"的旷世凝思，是老子的"人法地，地法天，天法道，道法自然"的大智判断就是这个道理。一个男人只有具备了这种超越感，其生存状态才能够实现本质意义上的自觉。而这种超越感的获得，只能是人生修养达到一定境界的结果。

品位有多高，梦想就能有多远

每个人都有自己的梦想，但不同的人梦想的高度是不一样的。决定梦想高度的关键因素就是个人的品位。

3个工人在砌一堵墙。

有人过来问："你们在干什么？"

第一个人没好气地说："没看见吗？我们在砌墙。"

第二个人抬头笑了笑，说："我们在盖一幢高楼。"

第三个人边干边哼着歌，他的笑容很灿烂："我们正在建设一座城市。"

10年后，第一个人换了另一个工地，不过还是砌墙；第二个人坐在办公室里画图纸，他成了工程师；第三个人呢，是前两个人的老板。

3个有着同样起点的人对相同问题的不同回答，显示了他们不同的人生品位。10年后还在砌墙的那位胸无大志，当上工程师的那位理想比较现实，成为老板的那位却志存高远。最终，他们的人生品位决定了他们的命运：品位越高，走得越远，没有品位的人只有被动地接受命运的安排。

做任何事，都不会一帆风顺，总要面临挫折，面临艰难的选择。这就要求不管出现什么情况，你都要以崇高的品位来审视眼前的路，从长远的角度出发给自己定好位。同时，有品位、有思想的男人总是能预见未来。因此，要想成功就不能拘泥于现状，要扩展自己的思想领域，你必须要比别人更深入地看到问题和未来的趋势，预见未来增加的价值，确定你的远大理想，把自己造就成伟大的人物。

许佳有两个学建筑学的朋友，一个朋友真心喜欢建筑学，到美国华盛顿大学去深造，其实他知道在美国学建筑学是没有太大的前途的，因为美国的房子除了世贸大厦要继续建以外，摩天大楼都建得差不多了。他到美国学建筑学的目的，就是为了以后回到中国来工作，因为他知道中国的地产业红火。3年后，他回到中国，现在在某个有名的建筑公司成为一位非常著名的建筑设计师，年薪上百万元人民币，非常成功。

而许佳的另一个朋友也是学建筑学的，他学建筑学的目的是留居美国。他在国内学的就是建筑学，而且是毕业于中国知名的建筑学院。但是他的目标是要留在美国。在美国学完建筑学出来可能找不到工作，1998年刚好是美国的电脑学习非常热的时候，学建筑学的他改成学电脑是比较容易的，因为他本身在学建筑的时候就必须学电脑，因此他就改学了电脑，而且是自费。他想，反正我学完两年电脑以后出来，我就能找到至少5万美元年薪的工作，因此他学得很认真，也学得确实不错。但毕竟是半路出家，跟真正学电脑专业的人相比还是有差距的。结果等到他毕业的时候，又遇到了美国电脑经济泡沫，也就是 2001 年，这个时候，大批的专业电脑人员都由于竞争激烈而离职了，更何况他还是半路出家学电脑的。因此，他到现在为止已经一年半了，也没有找到工作，但是他想留在美国，所以现在不得不靠在饭馆打工来维持自己的生活。当他在美国找不到工作的时候，他曾经跟许佳讨论过，要不要重新回学校去学建筑学。结果他发现，已经是不可能的事了。理由很简单，两三年已经过去，他在建筑学领域已经变成落后分子了。

同样是在美国学建筑学的两个人，因为人生目标不同，差别迥异。后者的人生目标是留在美国，前者的人生目标是建筑学，他要为人们建造美好的，而且是为中国人民建造美好的楼房。目标不一样导致了最后生活的完全不同。目光的长远与否，对自己的人生目标热爱与否，造成了他们的生活境界、水准和幸福都完全不同。两个人都是学建筑学的，就是因为人生目标的设定不同和眼光的不同：一个是想要回中国来为人民造好房子，另一个是为了留在美国。结果，第一个人现在是百万富翁，而第二个人现在连工作都没有。

后者的人生定位带有太多的暂时性和短暂性。也就是说，他是为了能留在美国，为了能够找到一份好工作而学电脑，并不是因为打算以电脑为事业，具有明显的功利性甚至是盲目性。

对于任何一个男人来说，人生定位的确定和其价值观、前途、兴趣是密切相关的。在定位目标的时候，你可以有暂时的功利性，但是，这个暂时的功利性，要跟你的职业发展相结合。要考虑长远，要有预见性。具体地说，在设定目标时，要把近期目标与长远目标结合起来。要基于自身的能力、发展潜力和社会经济发展的趋势，勾画出自己职业生涯的长期目标，使它具有"未来预期"、"宏观综合"、"人生理想"、"发展方向"、"引导短期"和"自身可变"的性质。长期目标一般为 10 年、20 年、30 年，是短期和近期目标所追求的最终目标。

另外，在为自己设定人生目标的时候，不要太受社会大环境的影响。比如说，今年社会上需要电脑人员，明年可能需要工商管理人员，因为从众心理，极有可能等到你学完工商管理的时候，社会上的工商管理人员已经过剩了，结果你还是找不到自己的位置。

作为男人，在任何时候都要有长远的眼光。做任何事都不会一帆风顺，总要面临曲折。这就要求你在最困难的时候要有崇高的品位，要自己给自己定好位。

许多人往往对自己的能力缺乏自信，他们虽然具备足够的能力，但却自惭形秽，常觉得自己低人一等、自己看不起自己进而演绎成别人看不起的位置，并陷入不能自拔的境地。缺乏自信的人是不可能赢得真正的成功的，更不可能得到真正的幸福，因为健全的自信心是获得成功的关键。

梦想是人类的天性，成功者会展开梦想的翅膀，立定目标飞向光明的未来，去追求人生的成功。信念多一分，成功就多十分。充满信心的人，信念能移山；把成功看得很艰难、认为自己不能实现的人，不会成就事业。

拿破仑认为，如果你是一只鹰，你就有飞翔的本能。男人，只要你的品位够高，你就一定能真正飞起来。

越随和，越有品位

纵观那些有影响、有地位的公众人物，他们都有一个共同的特点：心态随和、平易近人。而与此相对照，非常有趣的是，越是地位卑微的人越是易怒暴躁，他们动辄就因一些鸡毛蒜皮的事儿大发雷霆。这样的人最不受人欢迎，也没有什么修养、品位可言。

一位曾在酒店行业摸爬滚打多年的老总说："一个人不见得有比使他伤脑筋更大的事情了。在经营饭店的过程中，几乎天天都会发生能把你气得半死的事儿。当我在经营饭店并为生计而必须得与人打交道的时候，我心中总是牢记着两件事情，第一件是：绝不能让别人的劣势战胜你的优势；第二件是：每当事情出了差错，或者某人真的使你生气了，你不仅不要大发雷霆，而且还要十分镇静，这样做对你的身心健康是大有好处的。"

一位商界精英说："在我与别人共同工作的一生中，多少学到了一些东西，其中之一就是，绝不要对一个人喊叫，除非他离得太远，不喊就听不见。即使那样，也要确保让他明白你为什么对他喊叫，对人喊叫在任何时候都是没有价值的，这是我一生的经验。喊叫只能制造不必要的烦恼。"

一个经理向全体职工宣布，从明天起谁也不许迟到，自己带头。第二天，经理睡过了头，一起床就晚了。他十分沮丧，开车拼命奔向公司，连闯两次红灯，驾照被扣，他气喘吁吁地坐在自己的办公室。营销经理来了，他问："昨天那批货物是否发出去了？"营销经理说："昨天没来得及，今天马上发。"他一拍桌子，严厉训斥了营销经理。营销经理满肚子不愉快地回到了自己的办公室。此时秘书进来了，他问昨天那份文件是否打印完了，秘书说没来得及，今天马上打。营销经理找到了出气的借口，严厉责骂了秘书。秘书忍气吞声一直到下班，回到家里，发现孩子躺在沙发中看电视，大骂孩子为什么不看书、写作业。孩子带着极大的不高兴来到自己的房间，发现猫竟然趴在自己的地毯上，他把猫狠狠地踢了一脚。

这就是愤怒所引起的一系列不良的反应，我们自己恐怕都有过类似的经历，叫做"迁怒于人"。在单位被领导训斥了，工作上遇到了不顺利的事儿，回家对着家人出气。在家同家人发生了不愉快，把家里的东西砸了，又把这种不愉快的情绪带到了工作单位，影响工作的正常进行。甚至可能路上碰到了陌生人，自行车被刮蹭了一下，就同别人发生口角。更严重的是，发生不愉快之后开车发泄，其后果就更不堪设想了。

在我们的生活中，的确存在着这样一些男人，他们爱发脾气，容易愤怒，稍不如意便火冒三丈，发怒时极易丧失理智，轻则出言不逊，影响人际关系，重则伤人毁物，有时还会造成难以挽回的损失，事后让人追悔莫及。

愤怒是一种常见的消极情绪，它是当人对客观现实的某些方面不满，或者个人的意愿一再受到阻碍时产生的一种身心紧张状态。在人的需要得不到满足，遭到失败、遇到不平、个人自由受限制、言论遭人反对、无端受人侮辱、隐私被人揭穿、上当受骗等多种情形下人都会产生愤怒的情绪，愤怒的程度会因诱发的原因和个人气质的不同而有不满、生气、愤忿、恼怒、大怒、暴怒等不同层次。发怒是一种短暂的情绪紧张状态，往往像暴风骤雨一样来得猛，去得快，但在短时间里会有较强的紧张情绪和行为反应。

易怒主要与人的个性特点有关，易怒者大都属于气质类型中的胆汁质。胆汁质的人直率热情，容易冲动，情绪变化快，脾气急躁，容易发怒。易怒还与年龄有关，青年人年轻气盛，情绪冲动而不稳定，自我控制力差，因此比成年人更易发怒。

轻易地发怒，这在大多情况下不但不会解决问题，反而激化了矛盾，得不偿失。

作为一个男人，你一定要明白，愤怒容易坏事儿，还容易伤身。人在强烈愤怒时，其恶劣情绪会致使内分泌发生强烈变化，产生大量的荷尔蒙或其他化学物质会对人体造成极大的危害。

培根说："愤怒就像地雷，碰到任何东西都一同毁灭。"如果你不注意培养自己忍耐、心平气和的性情，一旦碰到"导火线"就暴跳如雷，情绪失控，就会把好事情全都搞砸。

自然界是个有条不紊、有规律运行的有机体。只要正常运转，一切都会秩序井然，按部就班，就像一台计算机、一架飞机、一台机器，如果操作正常，控制良好，就能发挥它们的正常作用。人的情绪也如一台机器一样，一旦失控，就不能正常运转，甚至给外界带来危险。

我们也许看到过交通拥挤的十字路口红绿灯失控时的"惨状"，整个路面成了车的海洋，不耐烦的司机在里面鸣笛叫喊，喇叭声充斥，不绝于耳，整个交通处于瘫痪与混乱的状态。如果没有交警的管理疏导，不知道会拖延到什么时候，会造成什么后果。同样，如果人人都情绪失控，这世界又会怎样呢？

所以，当别人对你的缺点提出批评甚至指责时，当你和朋友为某件小事"斗嘴"时，当你一时感到生活压抑时，你一定要学会克制自己的愤怒，让你的大脑"冷却"下来，让你胸中的"惊涛骇浪"平静下来，把你的粗嗓门压下来，把你要伸出的拳头收回来……

常言道：忍一时风平浪静，退一步海阔天空。不必为一些小事而斤斤计较。我们不提倡无原则的让步，但有些事儿没必要"火上浇油"，那只会使事情更糟，只会破坏你在别人眼中的形象。

假如你发起脾气来，对人家发作一番，你虽然非常痛快地发泄了你的不满，但那个人会怎样？他能分担你的忧愁吗？你那争斗的声调、仇视的态度，能使他接受你吗？

人人都有不易控制自己情绪的弱点，但人并非注定要成为情绪的奴隶或喜怒无常的心情的牺牲品。学会怎样消灭破坏我们舒适、幸福的生活和阻碍我们成功的情绪的敌人，是一门很精深的艺术。

情绪是内心深处的一种思想情感，但它却往往会被外界的事物所控制，并随之而摇摆不定。作为男人的你如果能够驾驭自己的情绪，随和待人，那么你未来的人生地位一定会更上一层楼。

果断和魄力是成就男人地位的关键

快速的决策和超常的胆量是许多成功人士所必备的素质，因为这些人深刻地意识到优柔寡断的个性只能带来灾难性的后果。那些总是摇摆不定、犹豫不决的人注定是个性软弱、没有活力的人，他们最终将一事无成。

对于一个男人来说，这一点尤其重要。

曾经有一位担任著名公司要职的先生，一直以来工作很投入、很卖力，成绩突出，因此深受上级的赏识，不断地被提拔并被委以新的重任。上任伊始，他就面临着许多重要的工作，有些是自己没有经历过的，但他不畏惧，非常努力地工作着。什么事都亲力亲为，唯恐事情办不好。

即使这样，有些需要即刻做出决定的问题在他案头仍然堆积成山，这倒并不是因为他办事效率低，而是有些问题他拿不定主意，便希望放一段时间，等事态更明朗一些再做决定。

所以，许多需要解决的、十万火急的问题就渐渐地在他的案头沉淀了下来，老板和同事在看待他的工作时，眼中都有了异色。大家对他的评价，也逐渐由赞扬、欣赏转为了办事拖沓、优柔寡断。他为此感到困扰和痛苦，导致夜不能寐，烦躁不安，工作效率也开始下降。

无疑，这种情况更加重了他的担心和恐惧，慢慢地当面对未解决的问题时，他感到更加左右为难，难以做出正确的抉择。

令他觉得心理不平衡的是，他办事的出发点是想再等等看，观察事情有何变化后再做决定，没想到，大家的评价竟是"优柔寡断"。

虽然他从不担心会把事情搞糟，但是，有时候他也会担心没有把事情做得更好。

他一旦发觉自己某方面的工作有可能做得不尽人意时，则焦虑不安、犹豫不决，久而久之，前怕狼后怕虎的状态便出现了，失去了创业初期那种"初生牛犊不怕虎"的气势，事业走下坡路的苗头出现了，焦虑症状产生了，各种躯体的症状也随之表现出来，一连串的生理、心理疾病就不免产生了。

这位先生想让事态变得更明朗时才做决策，以避免做出错误的决策，原本有一定的道理，但在瞬息万变的现代社会，机会是稍纵即逝的，所谓"机不可失，时不再来"就是这个道理，而他在等待与拖延中极有可能白白错过机会。更何况，公司的工作有一定流程与安排，他的这种解决问题的办法的确会产生危机。

优柔寡断是做人与做事的大忌。一个人永远不应该在冥思苦想中一会儿提出问题的这一面，一会儿又提出问题的另一面，试图面面俱到。万事都追求平衡的人做出的无益而琐碎的分析，是抓不住事物的本质的。决策最好是决定性的、不可更改的，一旦做出之后就要倾尽所有的力量去执行，就算有时候会犯错，也比某些人那种事事求平衡、总是思来想去和拖延不决的习惯要好。当我们致力于养成一种快速决策的习惯时，哪怕在最初的一段时间里这种做法显得有些机械，它也会让我们产生对自己具有判断力的信心。

习惯于犹豫的人，对于自己完全失去自信，所以，在比较重要的事件面前，他们总没有决断。有些素质、人品及机遇都很好的人，就因为犹豫的性格，其一生也就给蹉跎了。威廉·沃特说："如果一个人永远徘徊于两件事之间，对自己先做哪一件事而犹豫不决，他将会一件事情都做不成。如果一个人原本做了决定，但在听到自己朋友的反对意见时犹豫动摇、举棋不定——在一种意见和另一种意见、这个计划和那个计划之间跳来跳去，像风标一样摇摆不定，每一阵微风都能影响他，那么，这样的人肯定是个性软弱、没有主见的人，他在任何事情上都只能是一无所成，无论是举足轻重的大事还是微不足道的小事，概莫能外。他不是在一切事情上积极进取，而是宁愿在原地踏步，或者说干脆是倒退。古罗马诗人卢坎笔下描写了一种具有恺撒式坚韧不拔精神的人，实际上也只有这种人才能获得最后的成功。这种人会首先聪明地请教别人，并与他人进行商议，然后果断地做出决策，再以毫不妥协的勇气和坚强的意志力来执行他的决策。"

莎士比亚笔下的哈姆雷特就是患有优柔寡断这种性格疾病的典型例子，他实际的精神能力和他的理想之间存在着很大的差距。有些人只看见事物的一面就很容易做出决定，也很容易分辨出该采取什么样的措施，但哈姆雷特看见了事物的所有方面，他的头脑里充斥了各种各样的观念、恐惧和臆测，他的性格变得优柔寡断、拖泥带水，他无法断定自己看到的鬼魂是否真的就是父亲的冤魂，也无法断定自己的决定是好是坏、是吉是凶，因而他一遍遍地问自己："是活着还是死去？"

墙头草般左右不定的人，无论他在其他方面有多强大，在生命的竞赛中，他总是容易被那些坚持自己的意志且永不动摇的人挤到一边，因为后者明白自己想要做什么并立刻着手去做。甚至可以这样说，连最睿智的头脑都要让位于果敢的判断力。毕竟，站在河的此岸犹豫不决的人，是永远不会登陆彼岸的。

数不胜数的成功者就是因为在某个关键点上，冒着巨大的风险，快速地做出决定，从而彻底地改变了自己的人生境遇，彰显了自己的魅力。而成千上万的人之所以在生命的战场上溃败而归，仅仅是因为耽搁和延误。

果断的性格无论是对领导者，还是对普通劳动者；无论是对于工作，还是对于生活和学习，都是至关重要的。

坚决果断，是勇敢、大胆、坚定和顽强等多种意志素质的综合。

果断的性格，是在克服优柔寡断的过程中不断增强的。人有发达的大脑，行动具有目的性、计划性，但过多的事前考虑，往往使人们犹豫不决，陷入优柔寡断的境地。许多人在做出决定时，常常感到这样做也有不妥，那样做也有困难，无休止地纠缠于细节问题之中，在诸多方案中徘徊犹豫，陷入束手无策和茫然不知所措的境地，这就是事前思虑过多的缘故。遇到大事情是需要深思熟虑的，然而，生活中真正称得上大事的并不多。况且，任何事情，总不能等待形势完全明朗时才做决定。事前多想固然重要，但"多谋"还要"善断"，要放弃在事前追求"万全之策"的想法。实际上，事前追求百分之百的把握，结果却常常是一个真正有把握的办法也拿不出来。果断的人在采取决定时，他的决定在开始时也不可能会是什么"万全之策"，只不过是诸多方案中较好的一种。但是，在执行过程中，他可以随时依据变化了的情况对原方案进行调整和补充，从而使原来的方案逐步完善起来。

　　林肯总统在安特塔姆战役刚刚结束后就对国会说："宣布解放奴隶法的时刻已经到了，不能再拖延下去了。"他认为，公众的情感将会支持这一法令，并且他还对着上帝发誓，自己一定会采纳这一政策。他庄严地宣誓，如果李将军被赶出宾夕法尼亚州的话，他将以解放奴隶来表彰这一胜利。

　　果断的性格的确让人受益无穷。也许一开始，你的决断不免有错误，但是，你从中得到的经验和益处，足以补偿你因错误而蒙受的损失。更为重要的是，你在关键时刻做出决断的自信，会赢得他人的信任。拿破仑在紧急情况下总是能够立即抓住自己认为最明智的做法，而牺牲其他所有可能的计划和目标，因为他从不允许其他的计划和目标来不断地扰乱自己的思维和行动。这是一种有效的方法，充分体现了勇敢决断的力量。换句话说，也就是要立即选择最明智的做法和计划，而放弃其他所有可能的行动方案。

　　决断并非一意孤行的"盲断"，也非逞一时之快的"妄断"，更非一手遮天的"专断"。决断除了要有客观的事实根据、出众的预见性眼光外，同时更要有决心与魄力。

　　莎士比亚说："我记得，当恺撒说'做这个'时，就意味着事情已经做了。"乔治·艾略特则这样判断一个人："等到事情有了确定的结果时才肯做事的人，永远都不可能成就大事。"

　　不管你想不想成就惊天动地的大事，但作为男人，你必须具备这种果断的做事方法和魄力。换一种说法，你可以不做领袖，但这种领袖的气质，对你是大有裨益的。

消遣与爱好是人生最好的调味剂

美好的人生不能只是工作，在认真工作、开拓事业的同时，还应当多培养几种兴趣爱好，这样你的生活才能更加丰富多彩。

如果一个人只懂得工作而没有娱乐爱好，那么他的生活将是不完整的。正如英国教育家斯宾塞所说："没有油画、雕塑、音乐、诗歌以及各种自然美所引起的情感，人生的乐趣会失掉一半。"古往今来，事业成功者大多拥有多种娱乐性爱好。这些业余爱好是他们的另一片精神天地。

令人们尊敬和爱戴的领袖人物就是如此：孙中山爱好骑马、打球；毛泽东喜欢读书，酷爱游泳，还喜欢诗歌和书法，他的诗歌豪放深邃，气势非凡，他的书法刚劲洒脱，自成一体；陈毅元帅不但是著名的军事家、外交家，而且还是诗人、围棋爱好者。他的诗歌激情奔放，意蕴深远，他下围棋，善于谋略，高人一筹。

这些业余爱好伴随着这些领袖人物的人生旅途，成为他们生活的组成部分，就是在最紧张、最艰苦的岁月也不曾放弃，充分展示了他们积极乐观的人生态度、个性风格和生活情趣，为人们所称道。

科学家也不像一般人想象的那样是整天呆在图书馆和实验室里的工作狂，他们也有丰富多彩的业余文化娱乐生活。爱因斯坦爱好文学、音乐，而且造诣很深；居里夫人爱好旅行、游泳和骑自行车；巴甫洛夫喜欢读小说、划船、游泳、集邮、画画和种花；数学家苏步青爱好作诗、读古典文学、欣赏音乐、戏曲，还喜欢舞蹈、唱歌、画画、打乒乓球等。

而现代年轻人的业余爱好更加丰富多彩，充满情趣，他们像拓展事业那样，创造着愉快的生活。比如，青年科学家李卫是多项国家科技奖、荣誉奖的获得者和两项冶金高新技术的专利发明人。他在科研领域成就很高，在工作之外的业余生活则绚丽多彩。他爱好郊游、游泳，他最喜欢打桥牌和集邮。他说："那绝对是一种享受、一种放松。"

因此，从某种意义上说，娱乐性爱好是一种创造情趣的生活方式，是愉快生活的重要组成部分。

另外，多姿多彩的业余爱好还可以有效地调节人们的工作、学习和生活的节奏。事实证明，事业性爱好与娱乐性爱好，紧张的工作与轻松的生活的和谐统一，可以使身心得到休息，进而焕发最旺盛的工作精力。

在这方面我们有一个非常不错的例子：姚炳卿教授一直爱好文体活动，青年时期曾是学院乒乓球三连冠得主。随着年龄的增长，他的心脏病愈来愈严重，他有些着急。有一次，老伴陪他走进了舞场，那柔和轻松的音乐、和谐愉悦的氛围使他的身心顿感放松了许多。从此，他在工作之余便喜欢上了跳舞。这样坚持几年后，他的病有了好转，身体越来越好，连医生也感到吃惊。他这样将紧张的工作和娱乐活动恰当地交替进行，不断地变换节奏，换取了工作的活力和灵感，促成学习、工作的高效率和创造性，在工作中大显身手，他获了6项科研成果获大奖。后来，他成了年轻人的交谊舞教练。对此他总结说：

"不仅要会工作，而且还要会娱乐，娱乐也能创造工作效率。"

业余爱好的最妙之处是可以为自己营造一份好心情。在紧张工作之后，业余爱好可以形成一种缓冲，使身心得到充分的放松和休息，在自己感到孤独寂寞的时候，业余爱好又是一个伙伴和知己，使生活变得充实而有益。

正因为娱乐性业余爱好是以"寻找快乐"为宗旨的，所以没有心理压力，再加上内容有趣，心情愉快，自然使人进入最佳的休息状态。在精神享受中陶冶性情、磨炼性格、开阔胸襟、增加见识，真可谓一举多得。

拥有几种高雅健康的业余爱好还有助于塑造自身多才多艺的形象，赢得赞誉，给人留下深刻的印象。令人瞩目的巴西球星苏格拉底，不但是足球明星，而且还有多种爱好。他会行医、绘画，同时还是一位歌手。他经常在舞台上露面，尤其在歌坛上成就卓著。灌录的唱片销售量达1.5万多张，在巴西和南美影响很大。而著名球王贝利从青年时代就开始对音乐产生深厚兴趣，并学会了弹吉他。他那浑厚的男中音和细腻而不失奔放的自编自唱歌曲，曾在美国和巴西乐坛轰动一时。他们的这些具有文化艺术含量的业余爱好无疑强化了自身的形象，增加了他们作为球星的影响力。

健康的爱好不但能增加生活情趣，还能陶冶情操，当然，对即使是健康的爱好也不能太过沉迷，否则就会过犹不及。

在休闲中提升生活质量

休闲，不是"休而闲之"，休，是条件；闲，是形态。人生新活法主张利用这种条件丰富自己的心灵空间，让这个空间增加更多的属于自己的东西。但无可否认的是，我们身边有些人，把休闲"过"瞎了，是休也未"休"、是闲也未"闲"。我们常常可以看到，在一个期盼已久的长假之后，人们常常说的一句话便是"真累"！这表明，这个假日并没有起到身心放松和调节的作用。从这个层面上说，休闲更能见证人的品位。如何享用"闲"，关键不能把"闲"庸俗化，也不能把"休闲"当成无遮无拦的闲情逸致。西方发达国家普遍认识到"闲"在人的生命中有重要的价值，因此十分珍惜"闲暇时间"的合理支配与科学利用，并把"休闲教育"作为全体国民的一门人生的必修课来对待，通过休闲教育获得休闲的"资格"，以使人能在休闲中得到一种修养的提升。

美国联邦教育局将休闲教育列为青少年教育的一条"中心原则"，作为正确树立人生价值观的途径。这个中心原则是：提升个人生活质量的整体活动，提升对休闲价值、态度和目的的认识。休闲教育的内容也很广泛，包括智力的、肢体的、审美的、心理的、社会经验的；创造性地表达观念、方法、色彩、声音和活动；主动参加各种公益活动、野外生活的，促进健康生活的身体娱乐，培养一种达到小憩、休息和松弛的平衡方法的经验和过程。近年来，还兴起了通过创造性的休闲方式来表达自己的追求与理念，从人文精神和人文追求的角度丰富闲暇时间的内涵与外延。比如参加志愿者活动、捐助活动、慈善活动、扶贫济困、社会救助、环保、爱动物与爱植物的活动，鼓励人们把自我发展和承担社会责任联系在一起，用这样的行为方式营造充满温馨、友善、互助的休闲过程，使之成为一种新的社会与个人的财富。

科学家曾结合人的这种休闲行为做了科学实验，结果表明：热衷于做有益于他人的事的人比其他人健康，生活在自然中的人比其他人健康，乐观的人比悲观的人健康，经常微笑或歌唱的人比其他人健康，从事志愿者服务的人比其他人健康，积极享受生活的人比被动应付生活的人健康，很少收看电视的人比经常收看电视的人健康。由此看来，聪明的休闲，也是获得健康的重要保障。所以，那些学会了既能享受工作、又能有价值地利用闲暇时间的人，才会感到生活是一个整体，才会感到生命的价值。"未来"不仅属于受过教育的人，更属于那些会休闲的人。

世界卫生组织把健康定义为："不但没有身体的缺陷和疾病，还要有完整的生理、心理状态和社会适应能力。"这就是休闲的目的：远离污浊，拒绝放纵，舒展身体，抚慰灵魂。

轻松是休闲的传神气质。轻松能使所有的循规蹈矩和倦怠慵懒如九霄浮云随风而去。同样，所有的低级趣味都是对休闲的蒙羞与扭曲，或是认识上的浅薄。

休闲沉淀了浮躁、焦虑、犹疑……人们安详地享受沉淀后的从容：不急不躁、荣辱不惊，不放纵、不盲目。休闲需要从容，从容不是说缺乏魄力。溪水潺潺，终致鹅卵石的浑圆；春风无意，却悄悄地为满山遍野铺满了新绿。从容能化解所有的生命之重，不再锱铢必较，不再耿耿于怀。休闲的空气，是醇香且淡雅的美酒，返璞归真是从容的知音，在从容的休闲里你会感到生活就是一首诗。

适度的酒乐生活能让你更放松

适量饮酒与听音乐可以放松身心，当繁重的工作使你感到烦闷和疲惫时，便可以尝试一下。

在古代，酒最大的用途就是浇愁解闷。古时战乱不断，人们整日为生存颠沛流离。生活的忙碌，使人们越发感觉到生命的短暂和不确定性。这种感觉在平时是无法宣泄出来的，只有在酒酣之后，才会在精神上感到放松。所以说，酒，实际上是开启人心灵之门的一把钥匙。没有酒，便没有李白怒骂权贵的狂傲诗篇；没有酒，便没有曹操那"慨当以慷，忧思难忘；何以解忧，唯有杜康！"的千古绝唱。其实现代人比古人更忙碌，只不过现代人更压抑，懂得控制自己的情绪，不会再像曹操一样，当酒当歌挥洒对人生的感慨罢了。

此外，古人还以酒会友。"竹林七贤"个个都是酒鬼，也是酒友。最疯狂的大概要数刘伶，他出门时，常携一壶酒，乘一鹿车，鹿车上放着锹，如果他醉死，人们便可以就地把他埋了。七贤的时代，人生的志向无法得以实现，外在的压力把每个人都封锁起来。平庸的人无奈地、平淡地生活下去直至委靡死亡；超俗的人把郁闷宣泄出来，而成怪诞之人、成了"狂"，然而他们也不知道这"狂"的尽头会是什么。刘伶的境界折射出压力下人生的不可把握性："结果"是无法预料的，人们能做的只是尽享眼前的欢乐！因此，宣泄，其实并没有什么原因，只是生活的压力太重；宣泄，其实也不为什么结果，因为狂放的背后，常常是更大的无奈。

大凡痛苦都会有一个根源：平凡的人想拥有不平凡的未来，不平凡的人又怀念平凡的过去，这种矛盾的期待，也许便是人生一切苦恼的症结所在。理想与现实，永远不可能真正地统一。这种苦恼，缠绕着古往今来的每一个人，这也正是从古到今，人们都借酒浇愁的原因。因此，当你为某事而烦恼的时候，不妨温上一壶小酒，或是来上一瓶啤酒，独自一人坐下来慢慢享用，暂时把烦恼放在一边。有人说借酒浇愁愁更愁，其实不然，喝酒以后的愁，是一种释放，是淤积于心的苦闷的宣泄，宣泄以后可能会大彻大悟。

除了饮酒外，听音乐同样也可以使人得到放松。

在医学上有一个著名的"莫扎特效应"，这就是说，当你听完一曲莫扎特的音乐之后，你的大脑活力将会增强，思维更敏捷，运动更有效，它甚至可缓解癫痫病人等患神经障碍的病人的病情。6年前，研究者证明，在 IQ 测试中，听莫扎特的受试者的得分比其他人更高。

1975 年，美国音乐界的知名人士凯金太尔夫人因患乳腺癌，病魔缠身，身体状况每况愈下，濒临死亡的边缘。这时候，凯金太尔夫人的父亲不顾年迈体弱，天天坚持用钢琴为爱女弹奏乐曲。或许是充满爱心的旋律感动了上帝。两年之后奇迹出现了，凯金太尔夫人胜利地战胜了乳腺癌。康复后，她热情似火地投身于音乐疗法的活动，出任美国某癌症治疗中心音乐治疗队主任。凯金太尔夫人弹奏吉他，自谱、自奏、自唱，引吭高歌，帮助癌症病人振奋精神，与绝症进行顽强地拼搏。

德国科学家马泰松致力于音乐疗法几十年，在对爱好音乐的家庭进行调查后注意到，常常聆听舒缓音乐的家庭成员，大都举止文雅、性情温柔；与低沉古典音乐特别有缘的家庭成员，相互之间能够做到和睦谦让、彬彬有礼；对浪漫音乐特别钟情的家庭成员，其性格表现为思想活跃、热情开朗。他由此得出结论说："旋律具有主要的意义，并且是音乐完美的最高峰。"音乐之所以能给人以艺术的享受，并有益于健康，正是因为音乐有动人的旋律。

音乐是起源于自然界中的声音，人与自然息息相关，所以音乐对人的精神、脏腑必然会产生相应的影响。音乐主要是通过乐曲本身的节奏、旋律，其次是速度、音量、音调等的不同而产生差异的疗效。在进行音乐治疗时，应根据病情诊断，在辩证配曲的原则下，选择适当的乐曲组成音疗处方。

烦恼时听听音乐，能重新燃起生活的热情，唤起人们对美好生活的回忆和憧憬，使人心理趋于平静，心绪得到改善，精神受到陶冶。

既然音乐有这么多的用处，不妨在工作之余或茶余饭后戴上耳机，听一曲柔美舒缓的音乐，让身心在优美动听的节奏中彻底放松。

在书本中感受人生乐趣

读书除了可以获取知识外，还是一种不错的休闲方式，离开书本的日子将是十分苍白和乏味的。

程颐说："外物之味，久则可厌；读书之味，愈久愈深。"张竹坡说："读到喜、怒俱忘，是大乐处。"苏东坡说："腹有诗书气自华。"衣着，赋予你外在的美；读书，才能给你气质的美。拥有了书，生命也就有了寄托。

托尔斯泰酷爱读书。在他的私人藏书室中，参观者可以看见13个书橱，里面珍藏着2.3万多册20余种语言的书籍。这些藏书为他的创作提供了大量的原始资料。据说，他喜欢把书借给别人看，与他人共享读书的快乐。

读书，是一种美丽的行为。在读书中，天上人间，尽收眼底；五湖四海，皆在脚下；古今中外，了然于胸。读书，让我们懂得了什么是真、善、美，什么是假、恶、丑；读书，让我们丰富了自己、升华了自己、突破了自己、完善了自己。

读书是一种享受。常读优美感人的文章，可以把读者引进一个轻松愉快的美丽意境，使读者产生一种忘却一切纷扰的感觉，从而心旷神怡，心情舒畅，神情开朗。

寒夜孤灯，捧书卷，闻墨香，那感觉如同盛夏里吸吮冰凉的饮料，甜滋滋、冰冰凉。读书的感觉，只有爱读书的人才会拥有；读书的快乐，在求知的过程中才能感受到。读书，让你品味人生的酸甜苦辣，品味生活中的各色景观。

人是需要读一些书的，许多人在生活中迷失了方向，通过读书可以把自己从物欲名利中解脱出来，塑造美好的生活观念。

古今中外名人对读书都给予极精彩的话语，唐代诗人皮日休赞美读书的好处："唯文有色，艳于西子；唯文有华，秀于百卉。"英国莎士比亚谈道："书籍是全世界的营养品。生活里没有书籍，就好像没有阳光；智慧里没有书籍，就好像鸟儿没有翅膀。"

当代作家贾平凹说得更为精彩："能识天地之大，能晓人生之难，有自知之明，有预料之先，不为苦而悲，不受宠而欢，寂寞时不寂寞，孤单时不孤单，所以绝权欲，弃浮华，潇洒达观，于嚣烦尘世而自尊自强、自立不畏、不俗不诣。"

当然，读书最快乐的境界莫过于进入美感境地，我们没有功利目的，只读自己喜欢的书。读书使我们足不出户便可以心游万仞，目极八荒，人们在书海中遨游，捡拾美丽的贝壳，构筑自己的精神大厦。

喜好读书是好习惯，然而喜读书还要善读书，善读书还要善用书。读书要有所选择，漫无目标、无书不读的人，他们的知识不会精湛。读书无选择，便只能当一个书架，你放上什么书，它便容纳什么书。要读自己喜欢读的书，就像交友一样，有的人可以成为无所不谈的知己，而有的人则只能是泛泛之交，有的人则需敬而远之。

身为企业总裁的你可能会感到为难：自己每天有那么多的工作要处理，哪有时间读书呢？

如果你没有大量的时间用来读书，那么每天抽 15 分钟用来读书是可以办到的。每天阅读 15 分钟，这意味着你将一周读半本书，一个月读两本书，一年读大约 20 本书，一生读 1000 或超过 1000 本书。这是一个简单易行的博览群书的办法。从你一生的心理成长规律、空闲时间安排，以及普遍的需要出发，你的一生至少需要深读 1000 本专业以外的书籍，包括文学、科学、医学、哲学、历史、艺术以及其他方面的作品。

虽然现在我们的生活丰富了，却再也无法轻易获得那种由阅读所带来的单纯的快乐了。我们经常对人抱怨城居生活的单调与恶俗，抱怨无处不在的汽笛声和城建的机器声如何可怕地阻碍了自己读书和思考的兴致……殊不知，这所有的抱怨只是一种借口，一些浮华的尘埃已落入我们心中，并挥之不去了。

我们必须挤出自己每天的 15 分钟，最好是每天的固定时间，这样所有其他的空闲时间就都是额外的收获了。我们唯一需要的是读书的决心，有了决心，不管多忙，你一定要找到这 15 分钟。同时，手上一定要有书，一旦开始阅读，这 15 分钟里的每一秒都不应该浪费，事先把要读的书准备好，穿衣服的时候就把书放在口袋里，床上放上一本书，卫生间放上一本书，饭桌旁边也放上一本，书架上、书桌上，永远不能让书本缺席。当你心生烦恼或忧愁，当你觉得形单影只，或觉得受到委屈、沮丧、有怨恨情绪时，请把与你心境有关的书籍拿出来阅读。

古人曾说："三日不读书，面目可憎，语言无味。"所以请多找点儿时间来阅读吧，与书相伴才是最富足的人生。

读书是一件美好而有意义的事，在潜移默化中，你对世间万物的着眼角度开始发生变化，你会用心去体味人生的真正含义，能够快乐积极地对待生活，学会欣赏美并去创造美，你将踏着智者们的思想阶梯逐步达到一定的领悟境界，认识到宇宙的博大和自身的渺小。

培养一两样良好的兴趣爱好

在忙碌的工作之余，你应该给自己寻找一些能够充实生活、让生活变得生动有趣的东西，例如爱好。

爱好可以给人一种对快乐的期望与感受，而且，爱好越强烈，这种期望与感受也越强烈。

兴趣和爱好都是人所不可或缺的，它们对人的需求是一种满足、调剂与丰富。任何需求得到满足，都会给人一种愉快的感觉，例如，同样是一顿饭，饥饿者和饱食者的感受并不相同，需要本身的强烈程度也直接影响到人的快乐程度，这就是兴趣、爱好的程度越强烈，当它得到满足时给人的快乐也越强烈的原因所在。

而且，努力培养自己对厌烦事物的兴趣与爱好，这是享受快乐的一大良方。面对讨厌的事物，理所当然是难以感到快乐的。其实不然，当你培养起对厌烦事物的兴趣与爱好时，神奇的变化便发生了：这些事物赋予你的将不再是烦躁，而是无穷的乐趣。而且，你不必担心爱好会耽误你的工作，恰恰相反，如果它是健康的反而会提升你的工作效率。

美国前总统富兰克林·罗斯福即使在战争最艰苦的年代里，仍然坚持每天抽出一点儿时间来从事自己的爱好——集邮。做自己喜欢做的事，可以让他忘记周围的一切烦心事，让心情彻底放松，让大脑重新清醒起来。

爱好不但可以使人愉悦身心、放松心情，而且还有延年益寿之功效。有人做过这样的研究，他们试图找到长寿老人的共同特点。他们研究了食物、运动、观念等多方面因素对健康的影响，结果令人惊讶，长寿老人们在饮食和运动方面几乎没有完全共同的特点，但有一点却是共同的，即他们都有自己的爱好，并且把它作为自己的人生目标而为之奋斗，这就是他们的精神寄托。

所以，无论你对生活多么不满，一定要有人生目标，要有点儿爱好，有点儿精神食粮，因为它能使你看清人生的使命，能让你找到心灵的家园，从而使人生更有意义。

在美国长岛，有一位名叫莱伯曼的百岁老人，他头发花白，但精神矍铄，老人看上去最多不超过80岁。据老人讲，他根本没想到自己能活这么大年纪，因为在他80岁的时候，曾对生命失去了兴趣，以为自己到了寿终正寝的时候，那时他的健康状况很差，看上去像是真的快不行了，可一次偶然的机会，他与绘画结缘，从此他便迎来了自己人生的第二次青春。

莱伯曼是在一家老年人俱乐部里和绘画结下缘分的。那时，老人歇业已多年，他常到城里的俱乐部去下棋，以此消磨时间。一天，女办事员告诉他，往常的那位棋友因身体不适，不能前来作陪。看到老人的失望神情，这位热情的办事员就建议他到画室去转一转，并且说他还可以试着画几下。

"您说什么，让我作画？"老人好奇地问道，"我可从来没摸过画笔呀！"

"那不要紧，试试看嘛！说不定您会觉得很有意思呢！"在女办事员的坚持下，莱伯曼到了画室，平生第一次摆弄起画笔和颜料来，他很快就入迷了，周围的人也都认为他简直就是一个天生的画家。81岁那年，老人开始去听绘画课，开始学习绘画知识。从此，老人重新找到了生活的乐趣，精神一天天好了起来。

1997年，洛杉矶一家颇有名望的艺术陈列馆专门为莱伯曼举办了一次画展。此时，已年过百岁的莱伯曼精神抖擞地站在入口处，笑容满面，迎接参加开幕仪式的来宾，许多有名的收藏家、评论家和新闻记者全都慕名而来。他作品中表现出来的活力，赢得了许多观众的赞赏。

老人在展后接受采访时意兴盎然地说："我不说我有101岁的年纪，而是说有101年的成熟。我要借此机会向那些自认为上了年纪的人表明，这不是生活暮年，不要总去想还能活到哪年，而要想还能做什么，着手做点儿自己喜欢的事，这才是生活！"

生活中，如果你能每天抽出一点儿时间来做自己喜欢做的事，将会使心灵更美，生活更有情趣，生命也更有意义。

爱好是可以培养的，行动起来吧，从现在起找一项让自己感兴趣的爱好，这样你的生命就不会再枯燥乏味，你的身心也可以得到放松了。

第三章
男人的品位源自自身的修养

男人的品位源自男人自身的修养。有风度的男人身上才能显示出它的高贵。

良好的修养就是一笔人生财富

　　良好的修养可以作为财富。对于有修养的男人，所有的大门都向他们敞开。即使他们身无分文，也随处可以受到人们的热情款待。一个举止得体、谦和友善、助人为乐、颇具绅士风度的男人，在人生道路上必定是畅通无阻的。

　　如果一个男人在生活中养成了文明的举止习惯，就等于为自己开启了一扇通向财富的大门，所有的一切，不费吹灰之力就可以轻而易举地获得，它们甚至还可能主动找上门来。

　　举止文明是生意成功的一个重要因素。巴黎有家名为"廉价商场"的商店，店面很大，里面的员工数以千计，产品也应有尽有。这家商场有两个颇具特色的特点：一个是童叟无欺，不管谁来买，商品都是一个价，且价格都很低；另一个是，他们非常注重自己员工的素质，员工必须尽一切努力做到让顾客满意。凡是其他商店能做到的，他们都必须做到，还要做得更好。这样，他们就给每一个来过"廉价商场"的顾客都留下了美好的印象。因此，这个商店的生意也是蒸蒸日上，最后还成为了全球最大的零售商店之一。

　　还有一个贫穷的牧师，他的经历也相当奇特。有一次，他在教堂门口看到几个小青年在捉弄两个身着古旧样式衣服的老妇人。他们的嘲笑使老妇人非常窘迫，以致不敢踏进教堂。牧师见后主动带着她们走入里面坐了下来。两个老妇人尽管和这个牧师素不相识，但这之后却把一笔很大的财产留给了他，他的好心得到了好报。

修养本身就是一笔财富。文明的举止足可以起到替代金钱的作用，有了它就像有了通行证一样，随处畅通无阻。有修养的人不用付出太多就可以享受到一切，他们在哪里都能让人感到有如阳光般的温暖，处处受人欢迎。因为他们带来的是光明、是太阳、是欢乐。一切妒忌、卑劣的心理，遇到他们自然也就会举手投降了，你想，蜜蜂又怎会去蜇一个浑身沾满蜂蜜的人呢？

英国政治家柴斯特·菲尔德说："一个人只要自身有修养，不管别人的举止多么不恰当，都不能伤他一根毫毛，他自然就给人一种凛然不可侵犯的尊严，会受到所有人的尊重；而没有教养的人，容易让人生出鄙视的心理。"

良好的举止足以弥补一切自然的缺陷。通常，一个男人最吸引人们的，不是容貌的魅力，而是举止的优雅。古时候，希腊人认为美貌是上帝的特殊恩宠，但同时，如果一个具有美貌的人没有同样美丽的内在品质，就不值得我们欣赏了。在古希腊人的心目中，外在的美貌其实是某种内在的美好气质的反映，这些气质包括快乐、和善、自足、宽厚和友爱等。政治家米拉波是一个有名的丑男，据说他长相难看，但却没有人不被他的风度所折服。

性格的美就如艺术的美，在于它的少有棱角，线条始终保持连续、柔和的弧形。有很多人的心灵之所以不能更上一层，向世人展示更优美的品质，正是由于个性中存在的棱角太多。无论有什么样出色的品质，一旦表现出粗暴、唐突、不合时宜，其价值也就自然而然地受损。

而事实上，只要我们多加注意自身的言行举止即可。

亚里士多德曾描述过一个真正具有教养的绅士应该是什么样的："无论身处顺境、逆境，一个宽宏大量的人都会追求行事适度。他不期望人们的欢呼喝彩，也不让别人对他嘲弄贬低；成功的时候不会得意忘形，遭受了失败也不愁眉苦脸。他不会去做无谓的冒险，不会随随便便谈论自己或者别人；他不在意别人的诽谤，也不会对人委曲求全。"

真正有教养的男人就应当表里如一。宝石上光之后尽管更亮，但首先它必须是颗宝石。而一个真正懂得做人的智者是举止温文尔雅、谦逊知礼、不会轻易动怒、更不会主动挑衅的人。他从不恶意猜测别人，更不用说自己会去做罪恶的事了。他努力克制欲望，提高自身品位，出言谨慎，尊重他人。他可能会失去一切，但绝不会失掉勇气、乐观、希望、德行和自尊。这样，即使他没有了一切，他仍然是一个富有的人。

装扮得漂亮的确是一件好事，会引来大家的交口称赞。但这种外在美毕竟是比较低层次的美，它不应该妨碍我们去追求真正生活中更高层次的美。往往有些不愿认真生活的人把所有的精力、所有的时间以及全部的收入都放在了衣着上，却大大忽略了内心的修炼，忽略了他人对我们的要求和期望。这种关心外在胜于关心内在的行为往往是很不可取的。

自身的缺憾就是奋斗的动力

　　自身的缺憾往往是难以更改的事实，任何企图掩饰或回避缺憾的做法都可能引来消极的结果。尝试着直视缺憾，并把它当做是奋斗的动力，即使有缺憾，也可以使你获得成功的快乐。

　　美国最受爱戴的总统罗斯福8岁时，他的身体虚弱到了极点，迟钝的目光露着惊讶的神色，牙齿暴露于唇外，不时地喘息着，学校里的老师唤他起来读课文，他便颤巍巍地站起，嘴唇翕张，吐音含糊而不连贯，然后颓然坐下，生气全无，真是低能儿童的典型。而世界上像他同样的儿童不知有多少，大都是这样的神经过敏，如果稍受刺激，情绪便受影响，处处恐惧畏缩，不喜交际，顾影自怜，毫无生趣。但罗斯福并不如此，他虽有着天赋上的缺憾，同时他也有奋斗的精神，他认定人的信心能克服他天赋的缺憾，而不为其所屈服。

　　他是怎么样去克服先天的缺憾的呢？罗斯福总统所用的方法是积极的，而不是消极的，他不静等幸运之神自至，而努力追求幸运。他毫不自馁于天赋的缺憾，反而利用它作为成功的基石；他绝不怨恨先天的缺憾而使自己愁苦；不单单只从喝药水，受注射，或避居山林，遨游海上以恢复健康。他采取积极的锻炼以达到他的目的，他和别的健康孩子一样，活泼地去骑马、划船和做剧烈的运动。他用坚毅的态度战胜了他畏怯的天性，用忍耐的精神克服了他先天的不足。处处以快乐和蔼的态度对待人们，他努力纠正自己怕羞、畏缩和不喜交际的个性。果然在他入大学之前，他已获得大大的成功，他已是一个人们乐于接近、精神饱满、体力充沛的青年了，在假期中，他经常到亚烈拉去追逐野牛，到落基山狩猎巨熊，以及到非洲大陆去袭击狮子，终致他胜任军队的艰苦生活，带领马队在与西班牙的战争中功绩显赫。

罗斯福总统的成功，不但因为他有刚毅的精神，不为天赋的缺憾所屈服，更因为他有自知之明，他深知自己的缺憾，并不自以为聪明、勇敢、强健而稍事放任，他明白哪些方面可以克服，哪些方面应予以因势利导，他自知虚弱、畏怯可以克服，而语言、态度必须因势利导，他学习假嗓音，以便在演讲时运用。他虽然齿露于外及身躯颤抖等小节未能尽合演讲的技术要求，他更没有洪钟般的声音、惊人的辞令，但仍是令人信服的有力量的演说家之一。所以，我们应有自知之明，因而以之建立自信，你若不能辨明自己的缺点所在而一意孤行，那就成了被人所讪笑的愚人了。

芝加哥大陆商业银行行长雷诺治说："人的自信心，就是明察自己的长处和短处，人们要想纠正自己的短处，一定先要明白它在什么地方。"

自己的缺憾，如果自知其不能除去，不妨把它作为个性的标志，好像商品的商标一样，这话听起来好像很滑稽，其实很有道理。罗斯福露在唇外的牙齿，和他平时常戴着的大眼镜，这正可以标示罗斯福总统品格行为的特征，使人不假思索，一看即知，不然在漫画上，怎么会描绘有他那独特的个性造型呢？

有些人，爱好这些漫画，正和亲近罗斯福总统一样。而且，有些时候，你的缺憾也可以成为你独特的标志。不能免除的缺憾，大可用作展现自我个性的标志，不仅罗斯福总统露出唇外的牙齿，不可讪笑；一般爱好林肯总统的人，也认为他丑陋瘦长的身材，正可象征他是美国质朴有力的国家栋梁和有绝对可靠性格的人；史密斯说话时的土音，正是象征着他一生平易近人的品德；喜欢拿破仑的人，并不因为他出身科西嘉岛而卑视他高傲的气概，而他的那种样子，令见到他的人肃然起敬，并满足人们崇拜英雄的心理；而柯立芝的沉默，正可一眼就认出他那种真挚笃实、尽可使人信任的风度。

因此，你绝不要为你自己的缺憾而苦恼，你只要认识清楚，就算不能把它克服和免除，也不失为你的个性标志，尽可利用。

查坦姆的伯爵威廉·毕德患有严重的关节肿痛风湿症，挂杖尚且蹒跚，可是他还是致力于他的职务，这是被一般人视为不可能的事，当他出任英国外相时，有一位海军上校以年事已高为由，不愿到艰苦的地方工作，威廉·毕德听了，立即举起拐杖去打那位上校，并且忿忿地说："做不到什么？我定要你在做不到的上面去做！"毕德的身体几乎残废，行动甚为不便尚且努力奋斗，作为一个健康的人还有什么克服不了的困难呢！

人们可以利用缺憾作为懒惰的护身符，以求得他人的同情与原谅，但也可以借此努力奋斗，克服困难，这完全要靠你的意志来决定。

沉静内敛，是一种内在的力量

一提起性格沉静凝重，往往给人以"内向"的印象，许多人会皱起眉头。不少性格"内向"的人，也常常因此而苦恼，认为自己缺乏适应环境的能力，深恐自己会被环境所淘汰。

诚然，在有些情形下，比如找工作、拓展业务等，是需要一些性格"外向"的人。但这并不是说，每一个人都必须如此才可以表现才华，才可以对社会有益。

其实这个世界上需要各式各样不同性格、不同作风、在不同领域有发展才华的人。只不过由于现代生活强调竞争、主张新奇，有些人只求眼前煊赫、不求建立永恒功业，形成一种"潮流"，才使人误以为，唯有快速适应、立即表现、不择手段地争取一时出头的机会，才是成功。他们忽略了重要的一点：生活中，真正在内涵上有深度、值得欣赏的功业，并不能用这种全速争取的方式去完成。

在现代生活中，许多人一味地要求自己去竞争、去表现，要自己不顾一切地去取得成功。他们急于表现，想得到快速的"成功"，因而只以抢到别人前头为胜利，有时即使对社会造成消极影响也在所不惜。这种对"争先"的重视，使得人人感到自己在孤军作战，而周围都是敌人。现代人所谓的"竞争"，就是先肯定了环境中的每一个人都是自己生存的对手；所谓的"成功"，就是"你抢到了，而别人没有抢到"。相形之下，所谓的失败，也就是在一场短暂而又不见得有意义的争抢之中，那眼明手快的人抢到了，而你却没有抢到。且不论那抢到的东西是钻石还是粪土，只要"抢"到了即为目的。一次又一次，一波又一波的，盲目的争抢，就判定了所谓的优劣与成败。

这种观念，显然是既错误而又可笑的，它是会妨碍创造具有深度与恒久价值的成绩的。

事实上，"内向"也是一种可喜的内省性格。内向的人往往有一种优美的气质，有一种更深一层的思考与认知能力，而且，它可能是一个人的情感比较收敛，是形成高雅风度的一种内在的力量，它可以减少人与人之间尖锐的对立，使真正的情感有机会出现。

内向，是对自己内在生命的一种审视和对外界人与事物的一种敏锐的感应，更有"一目了然"、"旁观者清"的洞察力。所以，如果你不被现代社会过分强调"争先"的风尚所迷惑，就会明白，其实并不是只有外向的人才会成功。世界上有一部分事情是需要外向性格的人去争取、去突破和完成的；而另外一部分事情却需要较为内向性格的人来做，他会做得更加深入而持久。

对天性内向的人来说，与其为要求表现而去学习，不如尽量发挥自己那敏感深思的特长，在需要深度的工作中去努力研究。许多"不鸣则已，一鸣惊人"的人，都是由于他们虽不擅长立即表现，却正因如此而有机会深思明辨，把自己所学所能经过锤炼后才公布于世。而他的独立特行，使他不仅能达到别人所无的深度，而且能使他因为路线与众不同而见人之所未见，言人之所未言。一旦有成，必定格外杰出。

内向，是一种助你成功的力量。如能善用之，会有大成就。低调者懂得：一个真正成功的人，在活跃的一面之外，必有非常沉静内敛的另一面。

默默地储备，就可能一鸣惊人

在遭遇重大事件时，你能否克服自卑，取得成功，就全看你的准备有多充分。

小蒋是一所著名大学的学生，他在全国著名高校辩论赛中表现突出，引起有关部门注意，毕业后留在了市政府做秘书，但当他谈起那次辩论赛获胜的原因时，他却这样说：

"我在辩论赛中按规定要答复对方辩友的演说词，而对方辩友的演说词在我看来简直是无可辩驳的。那时的规定是允许对方有一天的准备时间。

"那时，我觉得对方的演说词好像无可辩驳，但明天比赛开始时，不管怎么样终究不能不做出答辩。我没有充分的时间做准备，但我所答复的问题将会成为我方能否取胜的关键。最后我的演说获得了巨大的成功，也最终促成了我方的胜利。

"那篇演说稿是我当夜写出来的，其中的大部分材料，都是从书桌里的一堆笔记上得来的。这堆笔记是我以前为了研究其他问题摘录下来的。这就是说，正是我以前所做的储备在这一次派上用场了。"

在你从事各种事业时，体力、道德、智力的储备都是十分需要的。你要是有志于做大事，必须使这些能力有相当的储备，只有这样，才可以担当重任，才可以应付非常事件。

普法战争之前，普鲁士的毛奇将军在军事上所做的准备是最好的例证，战斗力的储备和军事计划的准备是可以克敌制胜的。毛奇将军的行为，值得每个青年人效仿。

在战争爆发之前的 13 年，毛奇将军就已经着手筹划周密的作战计划了。全国的每个将官，甚至后备队中的每个军人都奉有种种训示，告诉他们作战时应采取的动作和要把握的时机。

全国的将帅，还都奉有各种关于军队调度、行军方略的密令。只要一接到动员令，可以立刻遵照行动，而且兵站也预先设置在位置最适当、交通最便利的地点，以免作战时运输不便。

毛奇将军对于所订下的作战计划，还常常加以变更、纠正。力求适合当时的情势，以备战事在任何时候发生都能指挥若定，应付自如。据说，1870 年所执行的作战计划，早在 1868 年就订下了，而第一次计划的拟订，则远在 1857 年就已完成。所以战争一爆发，毛奇将军所指挥的德军，其行动就准确得分毫不差。

然而，法国的军事当局却一点儿准备都没有。

战事一开始，前线法军向后方发出的告急电报就纷至沓来。供给不足，驻军不便，军队无法联络，一切都混乱不堪。与德军作战，犹如螳臂当车，致使法国步步失算，处处落后。结果城下乞降，忍受常人无法忍受的奇耻大辱。

有多少人，因为在事业上没有做好充分准备，而导致一败涂地。

他们以为自己的能力足以应付目前的事务就不做更充分的准备。他们不想再把地基掘得更深些、基础打得更牢些，他们也不想多储藏些能力，他们更不用远大的眼光去预测未来。

假如青年人真的盼望能得到丰盛的收获，他就必须要先耕耘土地，在播种的时节，则应撒播良好的种子。

假如你不在自己的生命中投入些什么，你就不能从你的生命中取出些什么，就像你没有把钱存进银行，就不能向银行取钱一样。所以，你要超越平庸，就要储备各方面的知识与技能，一旦时机成熟，你必能凭借着这些"武器"冲出平庸的图圈。

顾及他人的自尊，给自己的品位加分

说话是一门艺术，这毋庸置疑。所谓"良言一句三冬暖，恶语伤人六月寒"，有很多人说的话，其立足点和出发点本来是不错的，但由于不注意说话艺术，导致无谓的误解和争端。

人都是有自尊的，都渴望获得他人的尊重。我们要明白，无论在社会阶层中，还是在一个团队里，只有收入高低、分工不同的区别，绝对没有人格的贵贱之分。扪心自问，我需要别人的理解和尊重吗？同样，这也正是别人都需要的，所以聪明的人要先理解和尊重别人。

不良的说话习惯令人心生厌烦。许多人在与人交谈的时候，常伴有一系列长时间以来养成的小习惯，而这些不经意间的小细节恰恰是自身品位的致命伤。

一是使用鼻音说话。这是一种常见且影响极坏的缺点，当你使用鼻腔说话时，你就会发出鼻音。如果你使用大拇指和食指捏住鼻子，你所发出的声音就是一种鼻音。

如果你使用鼻音说话，当你第一次与人见面时，就不可能吸引他人的注意。你的话让人听起来像是在抱怨，毫无生气，十分消极。不过，如果你说话时嘴巴张得不够，声音也会从鼻腔而出。当你说话时，上下齿之间最好保持半寸的距离。鼻音对于女人的伤害比对男人更大，你不可能喜欢一位不断发出鼻音却显得迷人的女子。如果你期望自己在他人面前具有极大的说服力，或者令人心悦诚服，那么你最好不要使用鼻音，而应使用胸腔发音。

二是有口头禅。在我们平常与人讲话或听人讲话之时，经常可以听到"那个、你知道、他说、我说"之类的词语，如果你在说话中反复不断地使用这些词语，那就是口头禅。口头禅的种类繁多，即使是一些伟大的政治家在电视访谈中也会出现这种毛病。

有时，我们在谈话中还可以听到不断有"啊"、"呃"等声音发出，这也会变成一种口头禅，请记住奥利弗·霍姆斯的忠告——切勿在谈话中发出那些可怕的"呃"音。如果你有录音机，不妨将自己打电话时的声音录下来，听听自己是否出现这一毛病。一旦弄清自己的毛病，那么在以后与人讲话的过程中就要时时提醒自己注意这一点，当你发现他人使用口头禅时，你会感到这些词语是多么令人烦躁、多么单调乏味。

三是小动作过多。检查一下自己，你是否在说话途中不停地出现以下动作：坐立不安、蹙眉、扬眉、扭鼻、歪嘴、拉耳朵、扯下巴、搔头发、转动铅笔、拉领带、弄指头、摇腿等，这些都是一些影响你说话效果的不良因素。当你说话时，听众就会被你的这些动作所吸引，他们会看着你的这些可笑的动作，根本不可能认真地听你讲话。

有一位公司老板，当他做公共讲话时，总是让自己的秘书与观众站在一起，如果他的手势太多，秘书就会将一支铅笔夹在耳朵上，以示提醒。当然我们不可能人人做到如此，但你在讲话时，完全可以自我提示，一旦意识到自己出现这些多余的动作，就应该赶紧改正。

四是你的眼神表现出心不在焉。当你与别人握手致意时，你们便彼此建立了一种身体的接触。眼神的交汇作用也同样重要，通过相互传递一种眼神，你们便可以建立一种人际关系。

眼神不仅可以向他人传递信息，你也可以从他人的眼神中接收到某些信息。你似乎听到他们在说：

"真有意思！"

"真令人讨厌。"

"我明白了。"

"我被你给弄糊涂了。"

"我准备结束了。"

"我十分乐意听你讲话。"

"我不想和你讲话。"

……

当你说话的时候，你的眼睛也是否在说话？或者你故意回避他人的视线，而不敢与人相对而视，因为那会令你觉得不适。你是否会边说边将眼睛盯在天花板上？你是否低头看着自己的双脚？你看到的是一簇簇的人群，还是一个个的人？总之，再没有比避开他人视线更容易失去听众了。

我们要提升自己的品位，提高自己的地位，当务之急就是要有一个好人缘，让更多的人接受你、欢迎你。要做到这一点，从现在开始就必须把那些令人心生厌烦的说话习惯统统改掉。

用礼貌的话语装点自己的品位

在处世交际的过程中，彬彬有礼、无懈可击的言行所体现出的正是绅士般的风度和品位，这样的人走到哪里都会受到大家的爱戴。

和别人打交道时，有品位的礼貌用语可使对方感到亲切，交往便有了基础。没礼貌、讲话不得体，往往会引起对方的不快甚至愠怒，使双方陷入尴尬的境地，致使交往梗阻甚至中断。那么，讲"礼"说"礼"该从哪里入手呢？以下的一些注意事项能指导你该怎样做。

1. 考虑对方的年龄特征。见到长者，一定要用尊称，特别是当你有求于人的时候，比如："老爷爷"、"老奶奶"、"大叔"、"大妈"、"老先生"、"老师傅"、"您老"等，不能随便喊："喂"、"嗨"、"骑车的"、"放牛的"、"干活的"等，否则，会使人讨厌甚至发生不愉快的口角。另外，还须注意，看年龄称呼人要力求准确，否则会闹笑话。比如，看到一位20多岁的妇女就称"大嫂"，可实际上人家还没结婚，这就会使人家不高兴，不如称她"大姐"合适。

2. 考虑对方的职业特征。我们在社会上看到一些青年人，不管遇到什么人都口称"师傅"，难免使人反感。可见在称呼上还必须区分不同的职业。对工人、司机、理发师、厨师等称"师傅"，当然是合情合理的，而对农民、军人、医生、售货员、教师，统统称"师傅"就有些不伦不类，让人听着不舒服。对不同职业的人，应该有不同的称呼。比如，对农民，应称"大爷"、"大妈"、"老乡"；对医生应称"大夫"；对教师应称"老师"；对国家干部和公职人员，对解放军和民警，最好称"同志"。在新的历史条件下，随着改革和开放的深入发展，人们的社会交往日渐频繁和复杂，人们相互之间的称呼也就越来越多样化，既不能都叫"师傅"，也不能统称"同志"。比如，对外企的经理和外商，就不能称"同志"，而应称"先生"、"小姐"、"夫人"等。对刚从海外归来的港台同胞、外籍华人，若用"同志"称呼，有可能使他们感到不习惯，而用"先生"、"太太"、"小姐"称呼倒会使人们感到自然亲切。

3. 考虑对方的身份。一次，有位大学生到老师家里请教问题，不巧老师不在家，他的爱人开门迎接，当时不知称呼什么为好，脱口说了声"师母"。老师的爱人感到很难为情，这位学生也意识到似乎有些不妥，因为她也就比这位学生大 10 多岁左右。遇到这种情况该怎么称呼呢？按身份，对老师的爱人，当然应称呼"师母"，但人家因年龄关系可能不愿接受。最好的办法就是称呼"老师"，不管她是什么职业（或者不知道她从事什么职业）。称呼他人"老师"含有尊敬对方和谦逊的意思。

4. 考虑自己与对方之间的亲疏关系。在称呼别人的时候，还要考虑自己与对方之间关系的亲疏远近。比如，和你的兄弟姐妹、同窗好友、同一车间班组的伙伴见面时，还是直呼其名更显得亲密无间、欢快自然、无拘无束。相反，见面后一本正经地冠以"同志"、"班长"、"小姐"之类的称呼，反倒显得外道、疏远了。当然，为了打趣故做"正经"，开个玩笑也是可以的。

在与多人同时打招呼时，更要注意亲疏远近和主次关系。一般来说以先长后幼、先上后下、先女后男、先疏后亲为宜；在外交场合宴请外宾时，这种称呼的先后有序更为重要。1972 年，周恩来总理在欢迎美国总统尼克松的招待会上这样称呼："总统先生，尼克松夫人，女士们，先生们，同志们，朋友们！"这种称谓客气、周到而又出言有序的外交家的风度和品位给人们留下了深刻的印象，是我们学习的典范。

5. 考虑说话的场合。称呼上级和领导要区分不同的场合。在日常交往中，对领导、对上级最好不称官衔，以"老张"、"老李"相称，使人感到平等、亲切，也显得平易近人，没有官架子，明智的领导会喜爱这样的称呼的。但是，如果在正式场合，如开会、与外单位接洽、谈工作时，称领导为"王经理"、"张厂长"、"赵校长"、"孙局长"等，就很有必要了，因为这能体现工作的严肃性、领导的权威性，是顺利开展工作所必需的。

6. 考虑对方的语言习惯。我国幅员辽阔，人口众多，方言、习俗各异。在重视推广普通话的前提下，还要注意各地的语言习惯。违背了当地的语言习惯，就可能使自己陷入尴尬之境。

有人在承德避暑山庄碰到这样一件事情。几个年轻人结伴去旅游，这天他们从避暑山庄出来，想去外八庙，为了抄近路，两个小伙子上前去问路，正遇上一个卖鸡蛋的农家姑娘。一个小伙子上前有礼貌地叫了声："小师傅！"，开始这姑娘没有答应，小伙子以为她没听见，又提高嗓音叫了一声。这下可激怒了这位姑娘，她嘴上也不饶人，气呼呼地说："回家叫你娘小师傅去！"两个小伙子还算有涵养，压了压火气，没有发作。本来是有礼貌地问路，反倒挨了一顿骂。这是为什么？后来才知道，当地的农民管和尚、尼姑才称"师傅"，一个大姑娘怎么愿意听你称她"小师傅"呢？两个小伙子遭到痛骂也就不奇怪了。

礼仪看起来好像简单，但处理不好会耽误大事。三国时，袁绍的谋士许攸投奔曹操后，向曹操献了一计，致使袁绍失败，他自恃功高，在曹操欲进冀城城门时一句"阿瞒，汝不得我，焉得入此门？"这就为他自己掘好了墓坑。所以，有一日许褚走马入东门，许攸再次以"汝等无我安得入此门"自夸时，被许褚怒而杀之，并且将其人头献给了曹操。虽然曹操深责许褚，但从许褚献头时所说："许攸无礼，某杀之矣！"的理由来看，不能不说许攸是死于曹操之手，因为仅凭他对许褚"无礼"是不可能被随便杀之的，最起码曹操有默许之嫌。可见礼与无礼有生死之别。

中国是礼仪之邦，办事儿能否顺利达到目的，说话懂得圆场面有时会起到很大的作用。

据说有这么一件事。一位妇女抱着小孩上火车，车上位子已经坐满，而这位妇女旁边有一位小伙子却躺着睡觉，占了两个人的位子。孩子哭闹着要座位，并指着要他让座，小青年假装没听见。这时，小孩的妈妈说话了："这位叔叔太累了，等他睡一会儿，他就会让给你的。"

几分钟后，青年人起来客气地让了座。

这位妇女无疑处于一个"求人"的地位，她能靠一句话把尴尬的场面圆起来，聪明之处正在于以一个"礼"字把对方架在了很高的位置：他应该休息，而且他是个好人，因为，如果他不"睡"了，他会主动让给你的。显然，一个再无礼的人面对这样有品位的人也不会无动于衷。

批评和指责时也要注意品位

当面批评和指责别人，对方会下意识地、顽强地反抗；而巧妙地暗示对方注意自己的错误，不仅彰显出自己做人的品位和修养，更会使对方真诚地改正错误。

华纳梅克每天都到他费城的大商店去巡视一遍。有一次，他看见一名顾客站在柜台前等待，没有一个售货员对她稍加注意。那些售货员在柜台远处的另一头挤成一堆，彼此又说又笑。华纳梅克不说一句话，他默默地站到柜台后面，亲自招呼那位女顾客，然后把货品交给售货员包装，接着他就走开了。这件事让售货员感触颇深，他们及时改正了服务态度。

当官的人常被批评不接待民众。他们非常忙碌，但有时候，是由于助理们过度地保护他们的主管，为了不使主管见太多的访客而造成负担。卡尔·兰福特在佛罗里达州奥兰多市当了许多年的市长，他时常告诫他的部属，要让民众来见他。他宣称施行"开门政策"。然而，他所在社区的民众来拜访他时，都被他的秘书和行政官员挡在门外了。

这位市长知道这件事后，为了解决这个问题，他把办公室的大门给拆了。这位市长真正做到了"行政公开"。

若要不惹火人而改变他，只要换一种方式，就会产生不同的结果。

确实，那些直接的批评会令人非常难以接受，间接地让他们去面对自己的错误，会有非常神奇的效果。玛姬·杰各提到一件她如何使得一群懒惰的建筑工人，在帮她盖房子之后清理干净现场的事。

最初几天，当杰各太太下班回家之后，发现满院子都是锯木屑。她不想去跟工人们抗议，因为他们的工程做得很好。所以，等工人走了之后，她跟孩子们把这些碎木块捡起来，并整整齐齐地堆放在屋角。次日早晨，她把领班叫到旁边说："我很高兴昨天晚上草地上这么干净，又没有冒犯到邻居。"从那天起，工人每天都把木屑捡起来堆好放在一边，领班也每天都来查看草地的状况。

在后备军和正规军训练人员之间，最大的不同就是头发，后备军人认为他们是老百姓，因此非常痛恨把他们的头发剪短。

陆军第 542 分校的士官长哈雷·凯塞，当他带领一群后备军官时，他要求自己解决这个问题，跟以前正规军的士官长一样，他可以向他的部队吼几声或威胁他们，但他不想直接说出他要说的话。

他开始讲话："各位先生们，你们都是领导者，你必须为尊重你的人作个榜样。你们该了解军队对理发的规定。我现在也要去理发，而它却比某些人的头发要短得多了。你们可以对着镜子看看，你要作个榜样的话，是不是需要理发了，我们会帮你安排时间到营区理发部理发。"

结果是可以预料的，有几个人自愿到镜子前看看，然后下午就到理发部去按规定理发。次日清晨，凯塞士官长讲评时说，他已经看到，在队伍中有些人已具备了领导者的品位和修养。

有品位的人善于"请教"

真正有品位的人从不会把自己的想法和建议生硬地强加给别人，他们更善于用"请教"的方式提出来。特别是作为一个下属，在给上司提出意见和建议的时候，切忌咄咄逼人，以请教的方式更有利于让领导认可你和你的建议。

要注意提建议的方式方法，就是要时刻注意领导的心理感受和变化轨迹，就是要求下属在提出建议的时候首先要获得领导的心理认同。

请教，是一种品位和修养。它的潜在含义是：尊重领导的权威，承认领导的优越性。这表明，下属在提出意见之前，已仔细地研究和推敲了领导的方案和计划，是以认真、科学的态度来对待领导的思想的。因而，下属的建议应该是在尊重领导自己的观点基础之上的，很可能是对领导观点的有益补充。这种印象无疑会使领导感到情绪放松，从而降低对你建议的某种敌意。

我们每个人都有过这样的体会：当你还是个高中生的时候，你会遇到初中的小弟弟、小妹妹向你请教各种问题，满怀敬仰地要求你谈谈自己的学习方法，等等，这时，无论你多么不高兴、多么忙，你都会带着一丝骄傲解答他们每一个稚嫩的问题，并从他们的目光中得到某种心理满足。如果我们能静下心来仔细分析这样的经历，我们会发现，成就感是多么早、又是多么牢固地根植于我们每个人的心灵深处。别人向我们求教，这就表明自己在某些方面是具有优越性的，如果说我们受到了崇拜，这大概有点儿过分，但说我们至少受到了重视，具备了一定的影响力，却是一点儿也不假。在被别人请教时我们心中升腾起的愉悦感和自豪感往往是并不能为我们自己所清醒意识到的，但它却主宰着我们的情感，甚至是我们的理智。每一个健康的、心智正常的人都会对这种感受乐此不疲，即使是领导也不例外。

请教的姿态，不仅仅是形式上的，更有内容上的意义。这样，你可以亲自聆听领导在这方面的想法，这种想法在很多时候是他真实意志的体现，而他却并未在公开场合予以说明，而且很有可能是下属在考虑问题时所忽略了的重要方面。这样，在未提出自己意见之前，首先请教一下领导的想法，可以使你做到进退自如。一旦发现自己的想法还欠深入，考虑得不是很周到，你还有机会立刻打住，回去后再把自己的建议完善一下。如果你的建议仅仅是源于未能领会领导的意图，那么，你的建议不仅是毫无意义、分文不值的，而且还暴露了你自己的弱点，这对你绝不会是什么幸事。

向领导请教，有利于找出你们的共同点，这种共同点，既包括在方案上的一致性，又包括你们在心理上的相互接受。

许多研究者都发现，"认同"是人们相互之间理解的有效方法，也是说服他人的有效手段，如果你试图改变某人的个人爱好或想法，你越是使自己等同于他，你就越具有说服力。因此，一个优秀的推销员总是使自己的声调、音量、节奏与顾客相称。正如心理学家哈斯所说的那样："一个造酒厂的老板可以告诉你一种啤酒为什么比另一种要好，但你的朋友，无论是知识渊博的，还是学疏识浅的，却可能对你选择哪一种啤酒具有更大的影响。"而影响力是说服的前提。

有经验的说服者，他们常常事先会了解一些对方的情况并善于利用这些已知情况作为"根据地"、"立足点"，然后，在与对方接触中首先求同，随着共同点的增多，双方也就越熟悉，越能感受到心理上的亲近，从而越能快速消除疑虑和戒心，使对方更容易相信和接受你的观点和建议。

下属在提出建议之前，先请教一下自己的领导，就是要寻找谈话的共同点，建立彼此相容的心理基础。如果你提的是补充性建议，那就要首先从明确与肯定领导的大框架开始，提出你的修正意见，做一些枝节性或局部性的改动和补充，以使领导的方案或观点更为完善，更有说服力，更能有效地执行。

如果你提出的是反对性意见呢？有人会说，这到哪里去找共同点呢？其实不然，共同点不仅仅局限于方案的内容本身，还在于培养共同的心理感受，使对方愿意接受你。而且可以说，你越是准备提出反对意见，你就越可能招致敌意，因而越需要寻找共同点来减轻这种敌意，获得对方的心理认同。此时，虽然你可能不赞成你的上司的观点，但你一定要表示尊重，表明你对它的理性的思考。你应设身处地地从领导的立场出发来考虑问题，并以充分的事实材料和精当的理论分析作依据，在请教中谈出自己的看法，在聆听中对其加以剖析。只要你有理有据，领导一定会心悦诚服地放弃自己的立场，仔细倾听你的建议和看法。在这种情况下，领导是很容易被说服并采纳你的意见和建议的。

请教会增强领导对下属的信任感。当你用诚恳的态度来进行彼此的沟通时，领导会逐渐排除你在有意挑"刺儿"、你对领导不尊重等这些猜测，逐渐了解你的动机，开始恢复对你的信任。

社会心理学家们认为，信任是人际沟通的"过滤器"。只有对方信任你，才会理解你说话的动机；如果对方不信任你，即使你动机是良好的，也会经过"不信任"的"过滤"作用而变成其他的东西。这种东西往往是被扭曲了的，带有怀疑主义的色彩，这使得他不可能很理智地去分析你的意见和建议，你的每一句话都会与你的"不良"动机联系在一起。

有鉴于此，在领导面前请时刻注意你的品位，注意一下说话的方式，因为这直接关系到你的地位。

文雅多一点，品位高一点

在与人交谈中，能不能恰当地使用文雅的语言是一个人自身品位最直接的表现。

雅语，是指一些比较文雅的词语。和俗语相对，雅语常常在一些正规的场合以及一些有长辈和女性在场的情况下，被用来替代那些比较随便的、甚至有些是粗俗的话语。确切地说，在日常交往中，雅语经常被一些其他的词语所替代。而在我们这个具有悠久文化传统的国家里，使用雅语本应是一种良好的习惯。多用雅语，能体现出一个人的文化品位以及尊重他人的个人素质。

有些使对方听了容易引起反感或不易接受的词语要避免使用，而用与之意义相同或相近的词语替代。例如，我们一般都把"胖"（特别对女性）说成"富态"、"丰满"，可以对胖人说是衣服瘦了，不能说衣服是标准尺寸的；把"瘦"说成"苗条"、"清秀"；把"生病"说成"不舒服"等。像这种同义替代语，如果运用得好，会显得语言委婉，谈话效果较好。

在日常生活中，有时，当你急于解决自己的某种生理负担时，例如正当你走在大街上，忽然觉得要方便一下，这时你可能会直截了当地向人询问："请问，哪儿有公共厕所？"但如果你是在一位陌生人家里做客，你就必须这样说："我可以使用一下这里的洗手间吗？"或者说："请问，哪里可以方便？"这里使用了"洗手间"和"方便"来替代上厕所。

总的来说，恰当地使用文雅的语言，一定要注意以下几点：

第一，说完整的词句，不要吞吞吐吐或欲言又止，否则会让人觉得不爽快，严重些还会让与你沟通的对象对你的人格产生怀疑。第二，不说粗话。说粗话的情况并非仅存在于中低劳动阶层，有许多学识深、地位高的"高级人士"也认为，当自己遇到稍微不顺心的事儿时，说一句"他×的"、"狗屎"并无伤大雅。其实不然，在公众场合说粗话是对个人形象的很大伤害，更是一种听觉上的污染，给听者带来不快。第三，避免冗长无味或意思重复的言语，如："你明白我的意思吗？""你说好不好？""你知道吗？"也不要采用流行语、口头禅作为开场白，如："哇塞！"有些父母从孩子身上学到青少年所惯用的流行语，以为说了这些话就代表跟得上潮流。实则不然，毕竟年长者说着一口年轻人的流行语，既幼稚又有失身份。第四，不要用"嗯"、"喔"等鼻子发出的声音来表达个人意见的同意与否。这些音调虽非粗话，却是懒惰的表现，会令谈话者有不受重视的感觉。

但是，使用优雅的词汇进行交流并不是鼓励使用那些极为拗口的书面语，甚至文言文，这样容易给人以卖弄的感觉，也会给沟通造成障碍。还要注意不要在谈话中夹杂半生不熟的外语。

第四章
男人的品位是笑对人生磨难的一种表现

　　男人的品位是男人笑对人生磨难的一种表现。男人咀嚼生活，感悟人生，在尝遍艰难困苦，历尽沧桑之后，才有这样的一种品位。男人的这种品位，常常带有一种坚不可摧的味道，在面对得失时能付之一笑，在惨遭打击时也能坚强挺立。男人的品位容不得半点儿的造作和虚假，男人的品位是岁月留在男人身上不经意间流露出来的一种东西。有品位的男人挥洒自如，不受别人左右，他总在别人觉得不可思议之处大放异彩！他不用刻意装扮自己，迎合别人，他习惯坦然面对自己，面对身边的人。他虽然一生坎坎坷坷，但他的一举手一投足，都能体现出一种与众不同、超凡脱俗的品位。平淡的生活于他充满诗意，平凡的一生他活得精彩，他的一切就像一部黑白影片，虽没色彩但却十分经典。

面对人生的风雨应保持一颗平常心

有一间画廊的主人，请两位当地著名的画家各画一幅以"风雨中的宁静"为主题的作品，并为他们选定同一天在画廊中展示、拍卖。

展示的当天，两位画家各自带着自己的作品，满怀自信地来到画廊。

第一位画家的作品，是以远山之间的湖泊作为主题，湖面如镜，整幅画呈现出风平浪静的景致。在介绍画中意境的时候，他颇为得意地说："你们看！多么宁静的湖泊啊！湖面连个涟漪都没有，蝴蝶也停在湖边上静止不动，没有风也没有雨，完全远离尘嚣，呈现出来的正是安宁与平静。"

另外一位画家的作品则大异其趣，是以奔腾的瀑布为主题，瀑布飞流直下，水花四溅。瀑布旁生长着一株小灌木，树枝弯曲得都快垂到水面了，然而就在这棵树上，画家加了一个小鸟巢。鸟巢虽然都浸得湿透了，看起来似乎非常危险，但再仔细一看，却可以发现鸟巢中，竟然还有几只刚出生的小知更鸟。

这时，第一个画家揶揄地说："这幅画动态十足，我几乎可以听到瀑布急流的声音！"

第二个画家听了之后，不慌不忙地笑着说："您再仔细地看一看吧！有没有发现鸟巢中的小知更鸟啊？它们可是正在安详地睡觉，一点儿也不受外在环境的干扰啊！"

最后，观众们得出的结论是：第一位画家的作品只能称其为静止，后者才是真正的宁静。

人生的境界是有差别的，无论是静止还是宁静，归根结底是心境的问题。王维有一首诗："月出惊山鸟，时鸣春涧中。"自古以来，人们认为静的极致就隐藏在动中。做人也是这样，眼前浮云涌动，胸中要有一颗平常心，要以静的心态俯视周围变幻万千的世事。

以一颗平常心对待所遇世界，自然会少了许多烦恼。平和的心态对于有志成就大事的人是必不可少的。平常人的平淡，虽不是人生旋律中的华彩乐章，却是生活中不可缺少的底色。在现实生活中，平淡总是多于辉煌。谁能善待平淡，谁就能把握住生活的真谛。当机会来临时，才能"于无声处听惊雷"。

追求成功是人生的一大乐趣，但失败了也要随遇而安。"不以物喜，不以己悲"，才是更高的境界。记得林语堂先生有文："一个强烈的决心，以摄取人生至善至美；一股股热的欲望，以享乐一身之所有，但倘令命该无福可享，则亦不怨天尤人。"这是对平常心精辟的解释。

平常心是对生命透彻的领悟，一切烦恼困顿均可付诸流水，领悟到生命的真谛，就会以一颗宁静的心善待一切，平常心是一种低调的境界，一切从生命出发，一面对生命尽心呵护，一面对人宽容平和，随方就圆。平常心使人具有大海一样的气度，任凭狂风暴雨，惊涛骇浪，依然平静如昨，以如此胸怀去实践人生，就会无所畏惧。

输得起，才能赢得彻底

人生亦忌恋战。有些事，如果大局既已无望了，就要赶快放弃，另谋出路，不可空耗自己，不可空耗一生。有的人碍于面子，而即使注定失败也不愿意认输。

抛弃虚荣心，哪怕降到低一档的地位上，只要能发挥自己的特长，就能干出更大的成就，实现自己的人生价值。

不干可干可不干的事，不做可有可无的人，这是人的基本品格。所以，人要懂得在什么样的情况下学会认输。

学会认输，就是知道自己在摸到一张臭牌时，不要再希望这一盘自己是赢家；学会认输，就是在陷进泥塘里的时候，知道及时爬起来，远远地离开那个泥塘；学会认输，就是学会承认失败，学会选择与放弃。

用美国投资家贺希哈的话说："不要问我能赢多少，而是问我能输得起多少。"只有输得起的人，才能赢得最后的胜利。贺希哈 17 岁时，开始自己开创事业。他第一次赚大钱的时候，也是他第一次得到教训的时候。那时候，他一共只有 255 美元，在股票的场外市场做一名掮客。

不到一年，他就发了第一笔财，赚取了 16.8 万美元。他为自己买了第一套像样的衣服，在长岛买了一幢房子。但是，第一次世界大战的休战期来到了，贺希哈聪明得过了头，他以随着和平而来的大减价的价格，坚持买下了隆雷卡瓦那钢铁公司，结果却受到了欺骗，只剩下了 4000 美元。这一次，他学到了深刻的教训："除非你了解内情，否则，绝对不要买大减价的东西。"

但是他并没有被失败打倒，后来，贺希哈放弃证券的场外交易，去做未列入证券交易所买卖的股票生意。开始时他和别人合资经营，一年以后，他开设了自己的贺希哈证券公司。到后来，贺希哈做了股票掮客的经纪人，每个月可以赚到 20 万美元的利润。

1936 年是贺希哈最冒险、也是最赚钱的一年。早在人们淘金发财的那个年代，有一家普莱史顿金矿开采公司。这家公司在一次火灾中焚毁了全部设备，造成了资金短缺，股票跌到不值 5 美分。有一个叫道格拉斯·雷德的地质学家，知道贺希哈是个思维敏捷的人，就把这件事告诉了他。贺希哈听了以后，拿出 2.5 万美元做试采计划。不到几个月，黄金就挖到了——仅离原来的矿坑 25 英尺。这座金矿每年给贺希哈带来 250 万美元的净利润。

贺希哈懂得认输，输得起，所以才赢得彻底。有的人认为认输很难做到，其实，认输之所以难做到，是因为它看起来就是承认失败。在我们所受的教育里，强者是不认输的。所以我们常被一些高昂而英雄的光彩词语所激励，以不屈不挠、坚定不移的精神和意志坚持到底，永不言悔。

是的，人需要百折不回的意志和勇气。但是，奋斗的内涵不仅仅是英雄不言败、不屈不挠和坚定不移，还包括修正目标、调整方位。

在死胡同走到底的并不是英雄，死不认输只会毁掉自己。这种人连自己的心结都没有打开，怎么可能成为强者、成为英雄呢？

人生道路上，我们常常被高昂而光彩的语汇弄昏了头，以不屈不挠、百折不回的精神坚持死不认输，从而输掉了自己！故此，人活着有时需要学会认输。认输就是适时地放弃，放弃了才能重新再来，才有机会获得成功。

真正的男人不会选择"唯命是从"

在国外，有一个城市公开招聘市长助理，要求必须是男性。当然，这里所说的男性指的是精神上的男人，每一个应考的人都理解。

经过了多番文化和综合素质的角逐，有一部分人获得了参加最后一项特殊考试的机会，这也是最关键的一项。那天，他们云集在市府大院里，轮流去应考。这最后一关的考官就是市长本人。

第一个男人进来，只见他一头金发，天庭饱满，高大魁梧，仪表堂堂。市长带他来到一个特殊的房间，房间的地板上撒满了碎玻璃，尖锐锋利，望之令人心惊胆寒。市长威严地说："脱下你的鞋子！将里面桌子上的一份登记表取出来，填好后交给我。"男人毫不犹豫地将鞋子脱掉，踩着尖锐的碎玻璃取出登记表，填好后交给了市长。他强忍着钻心的痛，依然镇定自若，表情泰然，静静地望着市长。市长指着一个大厅淡淡地说："你可以去那里等候了。"男人非常激动。

市长带着第二个男人来到另一间特殊的屋子，屋子的门紧紧地关闭着。市长冷冷地说："里边有一张桌子，桌子上有张登记表，你进去将表取出来填好交给我。"男人推门，门是锁着的。"用脑袋把门撞开！"市长命令道。男人不由分说，低头便撞，一下、两下、三下……头破血流，门终于开了。他取出表认真地填好后交给市长，市长说："你可以去大厅等候了。"男人非常高兴。

就这样，一个接一个，那些身强体壮的男人都用自己的意志和勇气证明了自己。市长表情有些沉重，他带最后一个男人来到一个房间。市长指着站在房间里的一个瘦弱的老人对那男人说："他手里有一张登记表，去把它拿过来填好交给我。不过他不会轻易给你的，你必须用你的铁拳将他打倒……"

男人问市长："为什么？"

"不为什么，这是命令！"

"你简直是个疯子，我凭什么打人家？何况他是个瘦弱的老人！"

男人气愤地转身就走，被市长叫住了。市长将这些应考的人都召集在一起，告诉他们只有最后一个男人考中了。

那些落选者捂着伤口审视着被宣布考中的人，发现那人身上一点儿伤也没有时，都惊愕地张大了嘴巴，他们非常不服气。

市长说："你们都不是真正的男人。"

"为什么？"他们异口同声地问。

市长语重心长地说："真正的男人是懂得反抗、敢于为正义和真理献身的人，他不会选择唯命是从而作出没有道理的牺牲。"

做一个真正的男人难吗？不难。只要你懂得选择人生的尊严与操守，自尊、自信、正直，放弃那些迎合别人的无谓牺牲，那么，就会拥有别人对你最真诚的敬意。

遇到失败不认输，面对困境不低头

人生的历程犹如海上行舟，有风平浪静，也有狂风暴雨，没有谁可以从始至终都一帆风顺。而作为一个男人，在面对失败和身陷困境的时候，很容易看出他的品位来：一蹶不振的人肯定不会有什么品位；一笑而过、屹立不倒的才是真"爷们儿"。

失败和困境，只是你平静生活之河泛起的一圈圈儿涟漪，只是你通向成功之路的一个小小的驿站。人生总有迂回曲折伴随着你的成长，还会遭遇更多的挫折，这就是人生最现实的一面。应该如何去看待和应付这些人生的转折关头，就全看你自己了。你可以把它当做是一种"挑战"，或者，你也可以像大多数人一样，把它当成是时运不济、危机、灾难，而不想循着更可靠的道路再尝试一次，并作为自己承认失败的借口。有位名叫法兰克·伍德·奥玛略的人说："人生就是不幸的连续。"这是失败者讲的话。

在失败面前，每个人都会郁郁寡欢、心情沉重，这是可以理解的。但是，你不能因此而沮丧、抱怨、裹足不前，因为前面的路还很长，因此，你要学会如何应对不如意的事。

不要失去对自己人生的主导权。人的一生中会有各种情况，也常常会被打倒，但正因为这样，人生才可以向更新、更有希望的方向转变。

实际上有许多年轻人，他们对现实感到心灰意冷。于是，他们退缩下来，说时运不济，自己只能听天由命，这实在是很遗憾的事。真正重要的，并不是我们人生中的偶发事件，而是我们怎样处理这些偶发事件。在没有一个良好的成功环境时，我们就要给自己创造环境。承认失败是件很容易的事，但我们必须打消这个念头。畏缩不前是懦夫的表现，我们要做生命的强者。

一个在失败面前永不气馁的人，在一个地方吃了闭门羹，会敲另外一扇门，一次又一次地不断敲门，一直到被接受为止。凡是能这样百折不挠的人，即使是最终不能取得辉煌的成功，也能获得许多小的成就。"一分耕耘，一分收获"，就是这个道理。

只要乐观冷静地应对人生的"迂回曲折"，成功几乎都在伸手可及的范围内。当你清晨醒来时，反复地对自己说："我能赢！我能赢！"不知不觉中，你就会对自己充满信心了，并且觉得是胜券在握了。

那些成功的人，又是如何战胜挫折的呢？他们靠毅力、忍耐力去承受失败的创伤，又用勇气和信心为自己打开了另一扇门。这一点，对所有的挫折都适用。只要把"失败"的阴影驱散，你的心就会豁然开朗。

那么，怎样调整好自己的心态就显得相当重要。困境来临时，会不可避免地使人遭受到打击和压力，这时，幽默就是一剂良药，它可以让人摆脱郁闷的心情，让人在欢声笑语中忘却烦恼，化忧愁为欢畅，让痛苦变为愉悦，将尴尬转化为从容自如，让沉痛的心情变得开朗、豁达、轻松。它具有维持心理平衡的功能。幽默甚至被心理学家和社会学家作为治疗疾病的良药。我们很多人也都有这样的体验，当听到好笑的事情捧腹大笑的时候，会使人的心情开朗很多。实际上，不少名人也使用这种办法来消除心理压力和摆脱尴尬的局面。

美国前总统里根，在一次白宫举行的钢琴演奏会上，夫人南希不小心连人带椅子一起跌落到台下，观众哗然。正在讲话的里根风趣地对夫人说："亲爱的，我告诉过你，只有在我的讲话没有获得掌声的时候，你才该有这样的表演。"全场掌声雷动。里根正是用幽默的方式为夫人摆脱了尴尬的局面。

古时候有一位高官，精神抑郁，胸中烦闷，请了很多医生都无法治愈。这天，他又请来一位名医为他看病。名医仔细地诊过脉后，郑重其事地告诉他，他得的是月经不调症。高官听后捧腹大笑，正要痛斥这位医生不识男女，忽然觉得胸中的郁闷之气荡然无存，周身上下轻松了许多。这才悟出原来这位医生只用了几个字就治好了自己的病，并登门向他真诚地致谢。

由此可见，幽默不但能消除精神紧张，还可以防治身心疾病。生活中具有幽默感的人比较容易克服困难，走出困境，遭到打击也不容易崩溃，从而更易获得成功。男人应该培养自己的幽默心理。

培养自己敏锐的洞察力，幽默是智慧的闪光点，它与庸俗、轻浮的笑话或油嘴滑舌是不能相提并论的，幽默的语言要言简意赅、诙谐含蓄，同时又入木三分，能够给人以启迪和韵味。

培养自己乐观自信的良好心态。只有对自己充满信心，才能在内心进行自由的塑造。一个内心枯燥、对自己和生活失去自信的人是没有幽默可言的，幽默是建立在自信心和自尊的基础上的。

幽默者具有敏锐多变的能力，可以有意识地培养自己机敏的素质。它可以使人善解人意，并能以惊人的自制力防止在对方的刺激下诱发不良的情绪，使双方的对抗情绪得以缓解，消除困境。

性格豁达的人不容易大动肝火，他们不会为一些鸡毛蒜皮的小事斤斤计较，对任何事都抱着乐观随和的态度，他们谈笑自如，幽默风趣。

事实上，幽默乐观的男人才最具男人味儿。透过他们的笑容，我们看到的是一个真正的"爷们儿"。那些弱不禁风的懦夫，是永远没有这种品位和气质的。

调整心态，就可以作命运的设计师

一个儿子对他的父亲抱怨说，他的生命是如何痛苦、无助，他是多么想要健康地活下去，但是他已失去方向，整个人惶惶然，只想放弃。他已厌烦了抗拒、挣扎，但是问题却一个接着一个，让他毫无招架之力。

父亲二话不说，拉起心爱的儿子走向厨房。他烧了三锅水，当水沸腾之后，他在第一个锅里放进萝卜，在第二个锅里放了一个蛋，在第三个锅里则倒入了咖啡。

儿子望着父亲，不明所以，而父亲只是温柔地握着他的手，示意他不要说话，静静地看着滚烫的水以炽热的温度烧滚着锅里的萝卜、蛋和咖啡。一段时间过后，父亲把锅里的萝卜、蛋捞起来分别放进碗中，再把咖啡过滤后倒进杯子。他问："你看到了什么？"

儿子说："萝卜、蛋和咖啡。"

父亲把儿子拉近，要儿子摸摸经过沸水烧煮过的萝卜，萝卜已被煮得软烂；他要儿子拿起蛋，敲碎薄硬的蛋壳，细心地观察着这个水煮蛋；然后，他要儿子尝尝咖啡。儿子笑起来，喝着咖啡，闻到浓浓的香味。

儿子谦虚恭敬地问："爸，这是什么意思？"

父亲解释：这三样东西面对相同的环境，也就是滚烫的水，反应却各不相同：原本粗硬、坚实的萝卜，在滚水中却变软了；这个蛋原本非常脆弱，它那薄硬的外壳起初保护了它液体似的蛋黄和蛋清，但是经过滚水的沸腾之后，蛋壳内却变硬了；而粉末状的咖啡却非常特别，在滚烫的热水中，它竟然改变了水。

"你呢？我的儿子，你是什么？"父亲慈爱地问虽已长大成人却一时失去勇气的儿子，"当逆境来到你的面前时，你有何反应呢？你是看似坚强的萝卜，在痛苦与逆境到来时却变得软弱、失去了力量吗？或者你原本是一个蛋，有着柔顺易变的心？你是否原本有一颗有弹性、有潜力的心灵，但是在经历死亡、分离、困境之后，变得坚硬顽强？或者，你就像是咖啡？咖啡将那带来苦味的沸水改变了，当它的温度高达 100 摄氏度时，水变成了美味的咖啡，当水沸腾到最高点时，它就愈加味美。"

"如果你像咖啡，当逆境到来、一切不如意时，你就会变得更好，而且将外在的一切转变得更加令人欢喜，懂吗？我的宝贝儿子？你是让逆境摧毁你，还是你来转变自己，让身边的一切变得更美好？"

心态决定命运。积极的心态有助于你在逆境到来时勇敢地面对、积极地改变，使你在逆境的磨砺中变得更加出色、美好。消极的心态，则让你无法面对一个个人生挫折，挑不起生活的重担，只能自甘沉沦，被挫折击垮。

人生的挫折、逆境无法避免，唯一能做的就是改变我们的心态。

当退避无济于事时，就迎风而上

成功学家尼古拉斯·B.恩克尔曼曾为学员们上过一堂别开生面的成功课。在上课之前，他告诉学员这堂课的主讲人是一位"真正的成功者"。当尼古拉斯把那位先生介绍给学员时，学员们不禁有些失望，这位所谓的"成功者"不过是个退休的老水手。他头发花白，满脸刀刻般的皱纹，靠微薄的退休金生活。如果以金钱和地位衡量，老水手确实不能算成功人士，不过谁也无法否认他是一位成功的水手。他一生中不知经历过多少生死攸关的时刻，但全都凭着自己的勇气和经验化险为夷，这样的人无疑是值得尊敬的。不管他的航海经验对学员们的成功有没有帮助，至少他们不反对听他讲讲海上的惊险历程。

当老水手谈到海上的风暴时，尼古拉斯问学员们："假设你们就是水手，当你们的船行驶在海上，突然遇到风暴，而你们一时又找不到停靠的港湾，你们会怎么办呢？"一位学员想了想，回答说："我会立即返航，把船头掉转 180 度，尽量远离风暴圈，我想这应该是最安全的方法了。"

老水手听了直摇头："这样更危险，因为你的船不可能快过风暴。掉头返航，风暴还是会追上你的船，你这么做反而延长了你和风暴接触的时间。谁都知道，在风暴圈中呆的时间越长就越危险。"

另一位学员说："那么，我把船头向左或向右掉转 90 度，能不能偏离风暴圈呢？"

老水手还是摇头："还是不行，以船的侧面去面对风暴，增加了与风暴圈接触的面积，很容易翻船。"

学员们再也想不出别的办法来了，于是问老水手："既然这些办法都不行，那么你是怎么做的呢？"

老水手说："办法只有一个，就是稳住舵轮，让你的船头迎着风暴前进！只有这样，才能尽量减少与风暴接触的面积，同时由于你的船与风暴相对行驶，两者的速度相加，可以缩短与风暴圈接触的时间。你很快就会冲出风暴圈，重新看到一片阳光明媚的蓝天。"

"这就是成功学理论中最精彩的部分！"尼古拉斯对学员们说："我们面对的各种压力就像海上的风暴，当退却和避让都无济于事时，克服它的最好办法就是迎着它前进。"

常言道：长痛不如短痛。当我们遇到一件很棘手而又不得不做的事情时，最好的办法是尽量"缩短与风暴圈接触的时间"。与其长吁短叹、消极沉沦，不如迎难而上，用最快的速度把问题解决。

那么，怎样才能做到这一点呢？

一般来说，压力的来源是多方面的，并不是由单一的问题产生的，但是主要的压力源往往只有一两个。因此，我们在处理复杂问题时应该先抓住主要问题，逐一解决。如果眉毛胡子一把抓，很可能越抓越乱，最后反而徒增新的压力。

一位海军飞行员说，他以前很怕把飞机降落在航空母舰上，因为每样东西都在摇晃：甲板起伏不定，海面上浪花涌动，飞机也在摇摆。要把他们都稳定下来简直不可能。后来一位老飞行员告诉他："降落其实很简单。在甲板中央有个黄色的降落记号，你把那个记号当做唯一固定的东西，除了这个记号，其他任何东西都不必管它，然后对准它一直飞过去就行了。"

这是一句值得借鉴的箴言。只有专心致志才能以最快的速度解决问题。随着问题的解决，问题所带来的压力自然也就消失了。另外，如果你心无旁骛地面对主要问题，其他问题就被你暂时淡忘了，无形中也起到了缓解压力的作用。

只有靠意志，靠积极的自我暗示，发挥积极的心态，才能挖掘自己的潜能。

当你初步领会了提高个人情商的道理时，你便会有一种自信和主动改变自己的愿望。但这时候，如果你的潜意识并没有得到改变，那么你的选择和行为依然是消极的，或者是浅尝辄止、顾此失彼的，难以达到预期的效果。在这种情况下，唯有以高度的自觉和顽强的意志，坚持心理上积极的自我暗示，才会突破难关，开创新局面，从而显示出积极的自我暗示所具有的重塑新我的魄力。

伟人也攀登过失败的梯子

在生命的藏宝室里，成功是黄金，失败是白银，它们同样散发着美丽的光彩，它们同为生命中一道亮丽的风景线。在很多成功的背后，都有无数次的失败和教训，而这些失败和教训，正是供给成功的营养，这些失败的教训为成功指明了前进的方向，避免你再犯同一种错误。

请看下面一连串失败的例子，这些都是成功者背后的故事：

A. 超级球星迈克尔·乔丹曾被所在的中学篮球队除名；

B. 瓦尼·格林斯基 17 岁时是一名出色的运动员，他想通过从事足球或冰球而出人头地。他最初爱好冰球，但是当他努力训练时，他被告知体重不够。172 磅是标准体重，而他只有 120 多磅，在冰场会被淘汰的；

C. 赛拉·霍兹沃斯 10 岁时双目失明，但她却成为世界上著名的登山运动员。1981 年她登上了瑞纳雪峰；

D. 瑞弗·约翰逊，十项全能的冠军。他有一只脚先天畸形；

E. 赛乌斯博士的处女作《想想我在桑树街看到的》，曾被 27 个出版商拒绝，但第二十八家出版社——文戈出版社，出版该书并售出了 600 万册；

F. 里查德·贝奇只上了一年大学就接受喷气式战斗机飞行员的

培训。20 个月后他羽翼初丰，却辞了职。后来他在一家航空杂志社任编辑。杂志社随即破产，失败接踵而至。当他写出《美国佬生活中的海鸥》一书时，他仍然觉得前途未卜。书稿搁置达 8 年之久，其间被 18 家出版社拒之门外。然而出版之后却被译成多国文字，销量达 700 万册。里查德·贝奇也因此成为享有世界声誉的、受人尊敬的作家；

G. 作家威廉姆斯·肯尼迪曾经著述多篇，但均遭出版商冷遇，直至他的《铁人》一书一举成名。然而就是该书也曾被 13 家出版社拒之门外；

H. 《心灵鸡汤》在海尔斯传播公司受理出版之前也曾遭 33 家出版社的拒绝。全纽约主要的出版商都说："书确实好得很，但没有人爱读这么短的小故事。"然而现在《心灵鸡汤》系列在世界范围内售出了 1700 万册，并被译成 20 多种文字；

I. 1935 年，《纽约先驱论坛报》发表的一篇书评，把乔治·格斯文的经典之作《鲍盖与贝思》评论为"地道的激情垃圾"；

J. 1902 年，《亚特兰蒂克月刊》诗歌版编辑退还了一位 28 岁诗人的作品，退稿信上写道："我们的杂志容不下你如此热情洋溢的诗篇。"那个 28 岁的诗人叫罗伯特·普罗斯特；

K. 1889 年，罗迪亚德·开普林收到了圣弗朗西斯科考试中心的如下拒绝信："很遗憾，开普林先生，你确实不懂得如何使用英语这种语言。"

L. 当艾利斯·赫利还是一个尚未成名的文学青年时，在 4 年中他每周都能收到一封退稿信，当时艾利斯几乎停止写作《根》这部著作，并自暴自弃，但最终他成功了；

M. 约翰·班扬因其宗教观点而被关入贝德福监狱。在那里他写出《天路历程》；此后一项是雷利爵士在身陷囹圄的 13 年中写出了《世界历史》；马丁·路德金被羁押在瓦尔特堡时译出了《圣经》；

　　N. 温斯顿·丘吉尔被牛津和剑桥大学以其文科太差而拒之门外；

　　O. 美国著名画家詹姆斯·惠斯勒曾因化学不及格而被军校开除；

　　P. 1905 年，艾尔伯特·爱因斯坦的博士论文在波恩大学未获通过。原因是论文离题而且充满奇思怪想。爱因斯坦感到沮丧，但这未能使他一蹶不振。

　　从上述案例来看，成功的秘诀之一就是不让暂时的挫折击垮我们。面对暂时的失败，要有一个正确的认识。你必须清醒地知道：这只是一个小小的插曲，并不是结局。失败对于你的进步是一本很好的教材。

　　对失败显露出的坏习惯，应予以纠正，以好习惯重新开始。

　　失败使你祛除掉傲慢自大，并以谦恭取而代之，而谦恭可使你得到更和谐的人际关系。

　　失败使你重新审视你在身心各方面的资产和能力。

　　失败使你接受更大的挑战，增加你的意志力。

　　健过身的人都知道，只是将杠铃举起来是没有用的。练习者必须在举起杠铃之后，用比举起时慢两倍的速度，将杠铃放回以前的位置才能起到健身的作用，这种训练称为"阻抗训练"，它所需要的力量和控制力，比举起杠铃时还要多。

　　失败就是你的阻抗训练。当你再度回到原点时，不妨主动将注意力集中到拉回原点的过程中。利用此种方法，可使自己再次出发后，能有长足的进步。

　　日本著名科学家细川英夫曾经说过："只有认真总结考试失败经

验的人，才能成为有学识的人。"每一次考试之后，都能根据自己的不足找出正确方法的人，不仅不会再犯同样的错误，而且还能把失败当做前进的阶梯而不断向上攀登。

只有在逆境中保持韧性，才能重整旗鼓

你知道拿破仑在滑铁卢一役中是被谁打败的吗？

答案是英国的惠灵顿将军。这位打败英雄的英雄并不只是幸运而已，他也曾尝过打败仗的滋味，并且多次被拿破仑的军队打得落花流水。

最落魄的一次，惠灵顿将军几乎全军覆没，只好落荒而逃，迫不得已藏身在破旧的柴房里。

在饥寒交迫中，他想起自己的军队被拿破仑打得伤亡惨重，这样还有什么脸面去见家乡父老呢？万念俱灰之下，他只想一死了之。

正当他心灰意冷的时候，突然看见墙角有一只正在结网的蜘蛛。一阵风吹来，网立刻被吹破了，但是蜘蛛并没有就此罢休，它再接再厉，努力吐丝，立刻开始重新结网。好不容易又快要结成时，一阵大风吹来，网又散开了，蜘蛛毫不气馁，转移阵地又开始编织它的网。像是要和风比赛一样，蜘蛛始终没有放弃，风越大，它就织得越勤奋，等到它第8次把网织好以后，风终于完全停止了。

　　惠灵顿将军看到了这一幕，不禁有感而发：连小小的一只蜘蛛都有勇气对抗大自然这个强大的劲敌，自己一个堂堂的将军更应该要奋战到底，怎能因为一时的失败而丧失斗志呢？

　　于是，惠灵顿将军接受失败的事实，并且重整旗鼓，苦心奋斗了7年之久。最后在滑铁卢之役一举打败拿破仑，一雪当年的耻辱。

　　惠灵顿将军赢在坚忍不拔的品格上。如果说世界上有一种药能够救人于失败落魄的境地，那么这剂药的名字就叫"坚韧"。坚韧能成就人生，成就理想、成就希望。

　　有这样一个故事，商容是古代一位很有学问的人，是老子的老师。在商容生命垂危的时候，老子来到他的床前问道："老师还有什么要教诲弟子的吗？"商容张开嘴让老子看，然后说："你看到我的舌头还在吗？"老子大惑不解地说："当然还在。"商容又问："那么，我的牙齿还在吗？"老子说："全部都落光了。"商容目不转睛地注视着老子说："你明白这是什么道理吗？"老子沉思了一会儿说："我想这是过刚的易衰，而柔和的长存吧？"商容点头笑了笑，对他这个杰出的学生说："天下的许多道理都在其中了。"

　　老子所参悟的"过刚的易衰，柔和的长存"似乎与所罗门的智慧之语"柔和的舌头能折断百骨"不谋而合。绳锯木断，水滴石穿也是这个道理。生命的质量不在于它的硬度而在于它的韧性，鲁迅先生生前最推崇的就是坚韧的精神。"韧"字的含义是：百折不挠，勇往直前。人如果没有一股子韧劲儿，干什么都不会成功。

　　坚韧是通向成功的桥梁，它让人们在困难中得到了成功。人的一生如果过于顺利，就如温室里的花朵，虽然也能艳丽绽放，但却缺乏一种活力，一种源于大自然、经历风吹雨打后展现出的生命力。世间万物唯有经过大自然狂风暴雨的洗礼和锤炼方能显示出旺盛的生命力，人生也是如此。人处于逆境之中，如能坚强地忍受一切不如意，甚至遭到磨难后仍屹立不倒，便是强者！

富兰克林说："有耐心的人，无往而不利。"耐心就是一种坚韧，需要特别的勇气，需要不屈不挠、坚持到底的精神。这里所谓的耐心是动态而非静态的，是主动而不是被动的，是一种主导命运的积极力量。这种力量就是坚韧，以一种几乎是不可思议的执著投入到既定的目标中，才具有人生价值。

生活就像一场现场直播的演出。如果你没有选择的余地，你就会无数次地被命运之神推拒在主场之外，激情没有了，曾经的笑脸没有了……在生活的惯性思维之中，你开始变得沉默和妥协，慢慢地，你被磨平了棱角，淹没于人海了。只有保持一种特别的坚韧，正是这种坚韧才能让生活更美好，更有意义。米兰·昆德拉说过："生活，是持续不断地沉重努力，为的是不在自己眼中失落自己。"作为男人，只有坚韧地承纳着各种失意和寂寞，才能不迷失自己，笑到最后，笑得最好。

挫折往往是好的开端

有人说人生下来就是为受罪吃苦的。这是一种极其悲观的说法，也是一种不正确的说法。《西游记》里唐僧师徒为取得真经经历了大大小小八十一难，最后终成正果，你能说他们只是在受苦吗？绝对不是！人生的逆境是一种难得的历练，正如古人所云："天将降大任于斯人也，必先苦其心志，劳其筋骨，饿其体肤，空乏其身，行拂乱其所为，所以动心忍性，增益其所不能。"记住：挫折往往是好的开端。

一位父亲带儿子去参观荷兰画家梵高的故居。在看过那张小木床及裂了口的皮鞋之后，儿子问父亲："梵高不是一位百万富翁吗？"父亲答："梵高是位连妻子都没娶上的穷人。"

第二年，这位父亲带儿子去丹麦，在安徒生的故居前，儿子又困惑地问："爸爸，安徒生不是生活在皇宫里吗？"父亲答："安徒生是位鞋匠的儿子，他就生活在这幢阁楼里。"

这位父亲是一个水手，他每年往来于大西洋各个港口，他的儿子叫伊尔·布拉格，是美国历史上第一位获得普利策奖的黑人记者。

20 年后，在回忆童年时，布拉格说："那时我们家很穷，父母都靠出卖苦力为生。有很长一段时间，我一直认为像我们这样地位卑微的黑人是不可能有什么出息的，好在父亲让我认识了凡高和安徒生，这两个人告诉我，上帝没有这个意思。"促使他成功的无疑是那两位受人尊敬的名人。

从他们这一类人的故事中，我们可以发现这样一个事实：造化有时会把它的宠儿放在下等人中间，让他们从事着卑微的职业，使他们远离金钱、权力和荣誉，可是在某个有意义有价值的领域中却让他们脱颖而出。

美国心理学家霍兰德说："在最黑的土地上生长着最娇艳的花朵，那些最伟岸挺拔的树木总是在最陡峭的岩石中扎根，昂首向天。"而医学硕士高普更是一语道破天机，他说："并非每一次不幸都是灾难，早年的逆境通常是一种幸运。与困难作斗争不仅磨砺了我们的人生，也为日后更为激烈的竞争提供了丰富的经验。"

在现实生活中常看到这样的人，他们常因自己角色的卑微而否定自己的智慧，因自己地位的低下而放弃儿时的梦想，有时甚至因被人歧视而消沉，因不被人赏识而苦恼。这是一个多么大的错误啊！其实造物主常把高贵的灵魂赋予卑贱的肉体，就像我们在日常生活中，总是把贵重的东西藏在家中最不起眼的地方一样。

"饥饿没有什么可怕的，爸爸，"一个耳聋的男孩苦苦地央求父亲把他从救济院带出去，让他去获得接受教育的机会，"我们将来会生活在一个物质充足的环境中的，并且，我知道怎样来摆脱饥饿。至少穷人都是长期靠一点点糖果来维持生存，感到饿得难受时，他们就用一根带子把自己的肚子勒紧，不是吗？为什么我不可以这样？再说，灌木丛里长满了黑莓和坚果，而原野上到处都可以找到萝卜，它们都可以用来充饥，一个干草垛就是一张很好的床……"

这个可怜的耳聋男孩就是基托，一个有着酒鬼父亲的"小乞丐"，然而，正是这个孩子，最后成了有史以来最优秀的圣经学者之一，名扬世界。

有一个女孩在青春年少时得了肝病，祸不单行的她，在入院不久后，男友也离她远去。

她痛不欲生，但她决定要坚强地好好活下去，也在这之中，她体悟到人生的无常，看到许多人生变幻，在康复之中，她又认识了现在的丈夫。

曾经有过的疾病，令她更懂得珍惜现在拥有的幸福婚姻："如果没有生过病，我也许早和之前的男友结婚，而现在可能又离婚了。"

上天要给人好东西时，通常不会有好包装。外表太美的东西，里面反而可能是毒药。

因为情伤而离开台湾，之后做过泡茶的小妹，到如今身居资讯公司总经理职位的陈维琴说："贫穷的家境成就我一身耐磨的本事，更深刻体会到人情的冷暖。"

大学时代一礼拜打工 7 天，成绩却在学校名列前茅。刚开始工作时，从泡茶打杂、翻译游戏手册、行政，甚至公司会计业务她都做过，靠的是从小吃惯了苦的人生历练。

许多挫折往往是好的开始。有人在挫折中成长，也有人在挫折中消沉，这之中的差别，在于个人如何看待。

站起来便能成就更好的自己，硬是在地上赖着、自怨自怜、悲叹不已的人，注定只能继续哭泣。

不曾经历过挫折的人生，根本不能算是人生，挫折就是人生的原色。人类的成长，通常是由许多的挫折组成的。就如口香糖广告说："幻灭是成长的开始。"

失恋是令人难以承受的事，但去看看失恋之后的女孩，她们往往更坚强懂事，一个女孩往往因此而成熟，流过的每滴眼泪，变成快速成长的营养剂。

哪个站在台面上的人，不是有一堆令人心酸的过去？挫折往往令这些人站得更稳。

以上所说的例子无非告诉你，面对挫折和逆境，一定要调整好自己的心态，把它们看做是有益于人生的一种历练，乐观面对，就像大诗人纪伯伦所说的那样："当你背对太阳时，你只会看到自己的阴影。"

当我们选择看待事物的阴暗面时，我们就看不见光明的那一面；当我们选择悲观时，我们便乐观不起来。

有太阳的时候，我们可以选择面向太阳，这样便不会令自己陷入阴影中，而当太阳移动时，我们也可以跟着阳光移动，做个永远的向日葵！

有两个人在沙漠中迷路了，悲观的那位一看只剩下半瓶水，马上就绝望地说："惨了，我们只剩下半瓶水了，再找不到路，我们就会死在这里！"

乐观的那位一看只有半瓶水，却高兴地大叫："太棒了，我们还有半瓶水，那我们就还有希望找到路！"

同样是半瓶水，为悲观的人带来的是绝望，却为乐观的人带来希望。

一个朋友讲过这样一件事：她妈妈告诉她，本来她的家境不错，开了个酒家，后来因为黑道上的人往店内开枪扫射，店也不得不关了。

她妈妈倒显得很乐观："至少还有命在。"这是她关店之后的第一个感觉。

她当然可以留在乱枪扫射的恐怖回忆里，可是，她选择看向事物的光明面，用乐观的态度去面对未来的生活。

春山茂雄在《脑内革命》一书中就曾提到，只要是美好的事物、快乐的事物、高兴的事情或积极的进取的想法、愉快的思考、肯定性的思考、感谢的意志……等正面的精神作用，都会使身体分泌快乐荷尔蒙的脑内吗啡。它可以提高自然疗愈力或免疫能力，也可以让人类保持年轻健康的身体，甚至心想事成。

相反地，如果持有悲观、悲愤、嫉妒、压力、悲伤等负面情绪，则会产生不好的荷尔蒙，对身体造成伤害。

我们在祝福别人时，通常都会写："身体健康"、"万事如意"、"心想事成"、"快快乐乐"，而这些原来都可以自己创造，只要有乐观面对事物的心态就够了！

不管遇到什么难关，我们都要尽量去找出其中的光明面。这样，不论怎样的困境都会转好，不然，只会让自己一直陷在不幸中。

在生活中，如果你没有被逆境所吓倒，反而以乐观的态度把它们想象成是理所当然的，那么你就极有可能把逆境变成顺境的前奏。

台湾著名实业家曹启泰现在的生活很滋润，但他以前也有过得很糟糕的时候。有一次在记者访问他时，他曾心有所感地说过这样一句话："活到现在，我才知道过去的一切都是为了造就现在的我。"

如果此时你也正处于逆境之中，你是否也会这样洒脱，期望有一个辉煌的将来正在冥冥之中等待着你来造访呢？如果是的话，那么你就要在面对任何困境时都要保持一种乐观，豁达的心态！

任何困境和不幸都可以被微笑征服

微笑的后面蕴涵的是坚实的、无可比拟的力量，一种对生活巨大的热忱和信心，一种高格调的真诚与豁达，一种直面人生的智慧与勇气，而且，境由心生，境随心转。我们内心的思想可以改变外在的容貌，同样也可以改变周围的环境。

百货店里，有个穷苦的妇人，带着一个四五岁的男孩在转悠。走到一架快照摄影机旁，孩子拉着妈妈的手说："妈妈，让我照一张相吧。"妈妈弯下腰，把孩子额前头发拢在一旁，很慈祥地说："不要照了，你的衣服太旧了。"孩子沉默了片刻，抬起头来说："可是妈妈，我仍会面带微笑的。"每当想起这则故事，听过的人都会被那个小男孩所感动。

从某种意义上说，人不是活在物质里，而是活在自己的精神世界里，如果精神垮了，就没有人救得了你。

约翰·内森堡是一名犹太籍的心理学博士。在第二次世界大战期间，由于纳粹的疏忽，使他幸免于难，然而他却没能摆脱纳粹集中营里惨无人道的生活折磨。他曾经绝望过，这里只有屠杀和血腥，没有人性、没有尊严。那些持枪的人像野兽一样疯狂地屠戮着集中营里无幸的人，无论是怀孕的母亲，刚刚会跑的儿童，还是年迈的老人。

他时刻生活在恐惧中，这种对死的恐惧让他感到一种巨大的精神压力。在集中营里，每天都有因此而发疯的人。内森堡知道，如果自己不控制好自己的精神，他也难以逃脱精神失常的厄运。

有一次，内森堡随着长长的队伍到集中营的工地上去劳动。一路上，他产生一种幻觉，晚上能不能活着回来？是否能吃上晚餐？他的鞋带断了，能不能找到一根新的？这些幻觉让他感到厌倦和不安。于是，他强迫自己不去想那些倒霉的事，而是刻意幻想自己是在前去演讲的路上。他幻想着自己来到了一间宽敞明亮的教室里，正在精神饱满地发表演讲。

他的脸上慢慢浮现出了笑容。内森堡知道，这是久违的笑容。当他知道自己也会笑的时候，他也就知道了自己不会死在集中营里，他会活着走出去。当从集中营中被释放出来时，内森堡显得精神很好。他的朋友不相信在魔窟里，一个人可以仍能保持年轻。

这就是心境的力量。有时候，一个人的精神可以击败许多厄运。因为对于人的生命而言，要存活，只要一箪食、一瓢水足矣。但要存活下来，并且要活得精彩，就需要有宽广的心胸、百折不挠的意志和化解痛苦的智慧。

微笑是一种心灵魔力的外在表现，这种魔力不仅能够给日渐枯萎的生命注入新的活力，也会使你的人生绽放出幸福的花朵。

我想起大学期间认识的一位旧书摊主。因自己生性爱书，除去书店买新书，更多地去买旧书，经济又实惠。摊主是位五十开外的中年男人，头发已有点儿白了，虽然他看上去满脸疲倦，但他脸上却始终挂着一种温暖而平和的微笑。他的生意也不是很好，但他脸上的微笑从没因此而收敛片刻，依然笑对每一位从他书摊前经过的人，犹如一道令人心动的风景。

时间长了，我便与他混得很熟。后来从他口中得知，他原来在这座城市里一家有名的企业上班，不巧的是他下岗了，更不幸的是妻子又遭车祸，至今仍躺在床上，原本小康的生活已跌入贫困的深渊。再加上一个读高三的女儿正是花钱的时候。没办法，只好出来弄点儿旧书卖，成本不高，周期短，能赚多少算多少，只求能把这个家支撑下去。他还讲了自己生活中其他一些颇使人忧心的事。令我吃惊的是，当他讲述那些常人也许无法承受的不幸时，脸上仍带着淡淡的笑容。

一天在他摊位上翻阅旧书时，突然下起雨来。他对我说："小伙子，能不能帮我把书收起来？"我爽快地答应了。随后，我心里一动，萌发了去他家看看的念头，便对他说了自己的想法，他微笑着说："欢迎，欢迎。"

他家很狭小。他说家里本来有套宽敞的住房，但为了妻子的医药费而卖给了别人。刚一进门，我就被他妻子的一张笑脸所感动。她坐在沙发上，从她身上仍可看出受伤的痕迹。他妻子的微笑温暖而平和。从这张笑脸上根本找不到那种重伤在身、贫困交加的人所表现出来的厌世、焦躁、淡漠与敌视的神情。那张脸虽清瘦苍白，但洋溢出的微笑却如花朵一般灿烂、绚丽，使整个房间弥漫着一种怡人的温馨。他们好像完全不顾忌我这个外人在旁，他坐在妻子身旁，微笑着问她好点儿没有，她妻子也微笑着抚摸着他的脸，问他累不累，那情景让人羡慕而感动。此时，她的女儿放学回来了，她身上散发着一种青春活力，脸上的微笑一如她的父母。我在那份温暖和美丽的微笑中还读出自强与希望。

我明白他们一家人为什么在接踵而至的不幸中，仍能示人以如花般的微笑，更深深地感受到那种蕴涵在微笑后面坚实的、无可比拟的力量——那是一种对生活巨大的热忱和信心、一种高格调的真诚与豁达、一种直面人生的成熟与智慧。我想，这才是支撑起一个幸福家庭的基石啊。只要具备了这种淡然如云、微笑如花的人生态度，那么，任何困境和不幸都能当作通向平安幸福的阶梯。

第五章
男人的品位是一种成熟的表现

男人的品位是男人一种成熟的表现。有品位的男人对艺术有独特的见解,对艺术大胆创新,不会对自己标新立异。

成熟的人是有责任感的人

男子汉意味着什么？意味着成熟与责任。因为有责任感，男人才能勇敢；因为有责任感，男人才能无私；也因为有责任感，男人才有了不断前进的动力。

面对社会的压力，许多人被压弯了脊梁骨，他们只能书写出一个扭曲的"人"字，而只有敢于承担责任的男人才能够昂首挺胸地写下那个顶天立地的"人"字，因为他们懂得，"人"字的结构就是相互支撑，而人的责任感则是人格的基点。

曾经荣获普利策奖的詹姆斯·赖斯顿是在第二次世界大战期间应聘到《纽约时报》工作的，在此之前，他在伦敦工作了一段时间。他亲历了德国纳粹分子对伦敦进行的狂轰滥炸。詹姆斯·赖斯顿孤身一人在战火纷飞的伦敦工作，他非常想念妻子和3岁的儿子。在给儿子的信中，詹姆斯这样写道：

"我周围这些生活在紧张之中的人们，都有很强烈的责任感。他们更具爱心，做事更多地为他人考虑，与此同时，他们也日益坚强起来。他们在为超越他们自身的理想而作战。我觉得那也是你应该为之而努力的理想。

"我想向你强调的就是，一个人必须承担他应该承担的责任。这场战争爆发于一个不负责任的年代。我们美国人在本世纪第一次世界大战要结束的时候，并没有承担自己的责任。当这个世界需要我们把理想的种子广为播撒的时候，我们却退却了……

"因此，我请求你接受你自己的责任——把美国创建者的梦想变为现实，为着生你养你的这个国家的前途而努力奋斗……简朴人生，勿忘责任。"

詹姆斯告诫儿子，作为国家的一员，他要背负起为国家的前途而努力奋斗的责任。

责任能激发人的潜能，也能唤醒人的良知。有了责任，也就有了尊严和使命。

相信你一定知道"国家兴亡，匹夫有责"的道理。不仅如此，在这个社会中，我们每个男人都需要承担那么一点儿属于自己的责任。正因为有了责任，我们才能在漫长的人生旅途中挫而不败，坚强而又倔强地迈过每一道艰难的门槛；也正因为我们坚信责任，才能在每一次精彩的收获之后坦然而谦恭，不断地追求着一个个积极的目标。

早在两千多年前，男人就意识到责任心是使一个人由幼稚走向成熟、由平庸走向卓越、由懒散走向严谨、由碌碌无为走向大有作为的重要因素。

有一位担任中学班主任的老师，曾经对班上一位一贯顽劣的学生感到头痛不已。虽然多次对他进行苦口婆心的教育，总是不见成效。此时，恰逢学校承担了天安门广场前检阅方队的排练任务，学校要求要选派少数最好的学生参加，而这个学生也十分渴望参加。班主任突然灵机一动，将这个学生列入了排练名单，并找他谈话，告诉他其实他并不合格，但老师认为他的身上有巨大的潜力，经过努力一定能够出色完成这个任务。这个学生感到了老师对他的信任，立刻表示：一定能够承担这一责任。结果在数月的苦练过程中，这个学生表现得极其出色，受到了学校的表扬，后来还担任了班长。

对一个男人来说，失败并不可怕，可怕的是没有责任心，遇到困难时竞相推诿。在一个团队中，如果成员都能从大局出发，主动承担责任，就会为领导者创造更多的主动和更大的回旋余地，为解决问题提供更多的机会，进而扭转局面。反之，如果领导班子内部互相拆台，把责任一股脑儿地推到主要的领导头上，这就会挫伤他的威信，也会降低他干工作的信心和决心，结果对所有的人都不利。当大家共同面对失败时，最忌讳的就是有人说："我当时就觉得这事儿肯定要糟。"这样会降低大家对你的友好和信任，因为你不是一个负责任的人。只有认清自己的责任时，才能知道该如何承担自己的责任，正所谓"责任明确，利益直接"。也只有认清自己的责任时，才能知道自己究竟能不能承担责任。因为，并不是所有的责任自己都能承担，也不会有那么多的责任要你来承担，生活只是把你能够承担的那一部分给你而已。

因为责任，你将更加成熟。那些愿意承担责任的男人，会给渴望获得成功的人带来莫大的助益，他们会给你提供各种帮助，而其中的价值，必定远超过那些容易满足者所提供的帮助。

会欣赏自己也是一种成熟

有这样一则小寓言故事：一个渔夫从海里捕到一颗珍珠，他欣喜若狂。可回到家里一看，发现珍珠上有一个小黑点。渔夫觉得很不舒服，他想，如能将小黑点去掉，珍珠将变得完美无瑕，肯定会成为无价之宝。

渔夫决定后便找出工具来开始去黑点，可剥掉一层，黑点仍在，再剥掉一层，黑点还在，剥到最后，黑点没了，珍珠也不复存在了。

世界并不完美，一个人也不可能十全十美。当发现自己的缺点之后，重要的是坦然面对，去寻找自己的长处。男人更是如此。若想时刻保持自信，那么就要学会欣赏自己，时时看到自己的长处。

科林长相一般，外表没有丝毫的吸引人之处。为了改变自己的命运，他毅然报考成人教育。苦心终于没有白费，科林如愿了。但他在同学中一点儿也不起眼，为此，他的自卑感很强。眼见同学一个个成家立业，他心情日渐忧郁，上课时也总是无精打采的，他觉得生活对自己来说毫无值得留恋之处，于是便想跳河自杀。一位老者刚好路过，对他说："人有两条命，一条是属于你自己的，刚才你已经自杀捐弃了；还有一条是属于众生的，愿你加倍珍惜这一条生命。"科林听完，笑了。

老者觉得他的笑很有魅力，于是赞美了他一番。老者说："每个

115

人都不可能是完美的，你要看到自己的长处。你总是觉得自己不够漂亮，但今天你笑起来的时候却显得很好看。"

科林一听很高兴，从此他笑脸常开，觉得生活也突然变得丰富多彩起来。后来他成了一名著名的节目主持人。

自卑者会对自己的知识、能力、才华等作出过低的估价，进而否定自我。自卑的人在交往中，虽然有良好的愿望，但总是怕遭到别人的轻视和拒绝，因而对自己没有信心，很想得到别人的肯定，又常常很敏感地把别人的不快归为自己的不妥当。有自卑感的人往往过分地自尊，为了保护自己，常表现得非常强硬，很难让人接近，在人际交往中变得格格不入。

自卑心理源于心理上的一种消极的自我暗示，很多心理学家指出，自卑感和本人的智力、受教育程度、所处的社会地位等因素无关，而仅仅是对"自己不如他人"信念的确信。所以，要克服和预防自卑心理，首先要敢于正视自己的不足。人无完人，每个人都有自己的优缺点。对于一些不可改变的事实，如相貌、身高等，完全可以用别处的辉煌来弥补，大可不必自惭形秽。

其次，要正确地与人相比。自卑心重的人往往很善于发现他人的长处，这本身不是坏事，可是他老是用别人的长处和自己的短处比，不是激发起奋起直追的勇气，而是越比越泄气，从而贬低、否定自己，以偏概全。

当你的外表过于平凡，你不自信时，请记得学会给自己营造一份有质有量的生活，用后天的行为给自己增添一份内在的气质，使举手投足间显得无比的优雅从容，在为人处世中学会豁达与从容，让自己人格的魅力熠熠生辉。

假如自己脸上有一点儿瑕疵就不敢用阳光般的微笑面对他人；假如因为手指不如他人修长，就自卑得不肯伸出来与他人有力地握手。那么再美丽的衣裳穿在身上，又怎么能体现出自己的"精气神"？又怎么让自己在生命的自然中拥有更多的和谐呢？

不必去羡慕别人，其实你自己身上也有很多优点，所以，你一定要学会欣赏自己，努力去寻找自己的长处。

卡耐基先生说过："发现你自己，你就是你。记住，地球上没有和你一样的人……在这个世界上，你是一种独特的存在。你只能以自己的方式绘画。你的遗传、经验、环境造就了你，不论好坏与否，你只能耕耘自己的小园地；不论好坏与否，你只能在生命的乐章中奏出自己的音符。"

每个人都会既有优点，又有缺点，有不足的地方，我们应该懂得接受自己，欣赏自己，等我们自己有了良好的感觉后，才能自信地与人交往，才能出色地发挥自己的才能与潜力。所以我们应该相信自己，发现自己更多的长处，更加欣赏自己。

自卑情绪会影响人际交往的正常进行，这点不言而喻。这些消极情绪的产生，可能来自某种压力，或者受到挫折。每个人都要学会在生活中应对这些不良情绪，这也是个人成长的一种重要表现。现代社会主张个性独立，人际交往也日益复杂，如果说在一些场合，或者和某些人的临时性的交往中需要一些表面的客套、应酬，那么，建立和发展深入持久的人际交往，最重要的是坦诚相见、表达真实的自我。"水至清则无鱼，人至察则无徒"。当然，如果自己身上存在明显的缺点，理应努力克服和改正。男性在人际交往中不断审视、认识自己和他人，不断领悟人生，这是人际交往的内涵所在。

只有热爱自己的男人，才懂得自我欣赏。懂得自我欣赏的男人光彩照人、落落大方，在灿烂的笑容里折射出一股高贵的气息，让别人在仰慕的同时又有些敬畏。男人要为自己喝彩，多给自己一些掌声，多给自己一些鼓励，你才能在人生的风雨路上挥洒自如。

在得意时不忘形

作为一个拥有良好心态的人，他应该始终具有清醒的头脑，在得意时不忘形，在失意时不丧志。

炎炎夏日，蚊虫肆虐，人们对此深恶痛绝。它们虽不易被灭绝，但却容易捕杀，原因很简单，它们时常得意忘形，把自己逼上绝路。

如果仔细观察就会发现，有些蚊子在吸食人畜的血液时，在没有受到惊扰的情况下，它会一个劲儿地吸个没完，直到飞不动或勉强飞往一处自认为安全的地方休息，安于享受成功。此时它们吃饱喝足的身体已变得迟缓，完全忽视了危险的存在，而这正是它们接近死亡的时刻，若现在想杀死它，已无须奋力拍打，只需轻轻一按，它们便一命呜呼。

蚊子的死是罪有应得的，但它给我们的启示却是深刻的：当一个人历经千辛万苦换来成功的甘果时，是手捧观之得意扬扬，还是保持冷静视之为过去，重新设定新的目标，并加倍努力实现之。选择前者，就选择了和蚊子一样的命运；选择后者，成功的甘甜将会始终伴随左右。

是什么原因使人的选择不同呢？是一个人处世的心态。好心态不仅可以指导我们在工作上取得成绩，还能指导我们在各种误解面前站稳脚跟，坚持自己认为对的事情，不因为别人的不理解而改变自己。

由于与生俱来的性格使然，有人外向，有人内向，也因此造成了每个人在外在行为上的差异，这便成为误解的根源。"同事们都这样。要是我整天捧着书本不和他们闲聊，显得我清高、不合群，多不好啊。"

不久以前，一位刚从学校毕业工作的小师弟跟他的一个知心朋友说了上述一番话。

的确，谁不希望能够在单位中培养良好的人际关系，和大家融为一体呢？尤其是刚毕业参加工作的学生，好像不和大家打成一片就不会获得大家的认同，工作起来没有底气。

这种想法也不能说不对，但绝对要具体情况具体分析，万不可一概而论。

就以上述的这位小师弟为例吧，他毕业于上海某警官大学，学的是道路交通管理，毕业分配去了沿海的一个中小城市。他每天的工作是上街值两小时班后休息几个小时，然后再去上岗。工作压力不大，闲暇时间很多。但是他周围的同事们每天值勤回来后就是聊聊天、打打牌，晚上下班后也经常是出去吃吃饭、喝喝酒、跳跳舞。小伙子每次和他们在一起的时候，觉得时间都浪费了，有一种愧疚感。他喜欢读书思考一些问题，并想考研究生接着深造。但出现了本文开头所提到的问题。他不和同事们一块儿聊、玩，又怕人家说他假清高、不合群等。

　　基于这种情况，他的朋友对他说：从你所讲的话来看，你的这些同事可能文化素质不高，又安于现状，没太大的追求，他们也许能够做好目前的本职工作，但再有什么发展和进步的可能性很小。你的这种顾虑完全没有必要，因为如果只有同他们一起虚度光阴才算合群的话，那你必须以牺牲自己的爱好、前途、追求为代价而去合群，必须放弃提高自己思想境界为代价才不会清高，按他们的标准去要求自己。在工作和生活中，这种"就低不就高"的合群、不清高，实际上是媚俗，是完全错误的一种想法。

　　不合群的现象一般有两种：一种是因为性格孤僻、封闭自我，或是人品道德上低劣而让大家疏远；另一种则是因为某个人的才能出众，或者是追求的目标高于众人之上，不迎合众人的口味或疏于处理人际关系等，从而不被大家理解或受人妒忌。

　　我们应努力处理好周围的人际关系，这是为了发展自己的事业，让自己做得更好，而绝不应该牺牲自己的追求和理想而去随波逐流。要摆正心态，虽然你优秀出众、超凡脱俗，很容易会被人认为是清高、不合群，但这却胜于得意忘形后的自我毁灭。

泰然面对尘世中的苦与乐

　　"不以得为喜，不以失为忧"，是一种非常良好的心态。拥有这种心态的人专注于自己的事情，不因一时得失而忧心忡忡或兴奋不已，也不会大喜大悲，因为那样会使他们失去冷静。

要以一种泰然处之的心态去面对生活。理想是我们生活的向导，它能把我们从痛苦中引领出来。在沉重的打击面前，需要有处乱不惊的乐观心态。冷静而乐观，愉快而坦然。在生活的舞台上，要学会对痛苦微笑，要坦然面对不幸。

量子论之父马克斯·普朗克是 19 世纪末、20 世纪前半期德国理论物理学界的权威，在科学界颇有威望，于 1918 年获诺贝尔物理学奖。

普朗克的一生并不是一帆风顺的。中年的时候妻子逝世；在第一次世界大战期间，他的长子卡尔在法国负伤而亡；他的孪生女儿也都在生孩子后不久，相继去世。

对于这些不幸，普朗克在写信给侄女时说："我们没有权利只得到生活给我们的所有好事，不幸是自然状态……生命的价值是由人们的生活方式来决定的。所以人们一而再、再而三地回到他们的职责上，去工作，去向最亲爱的人表明他们的爱。这爱就像他们自己所愿意体验到的那么多。"

对于自己遭遇过的一个又一个的不幸，普朗克都能正确地对待，他没有被这些不幸击倒，没有忘记自己人生的意义。

第二次世界大战中，不幸的遭遇又一次降临到普朗克的头上。他的住宅因飞机轰炸而焚毁，他的全部藏书、手稿和几十年的日记，全部化为灰烬。为了逃避空袭，他只好暂时寄居在一位朋友的庄园里。对于失去家园、财产，他泰然处之。他写道："在罗格茨的生活还不算太坏。"因为他还可以工作，他已经准备好了他想要进行的关于伪科学问题的新讲演。

1944 年末，他的次子被认定有密谋暗杀希特勒的"罪行"而被警察逮捕。普朗克虽采取了多方的求助，却没有任何效果。

普朗克在后来给侄女、侄儿的信中说："他是我生命中宝贵的一部分，他是我的阳光、我的骄傲、我的希望。没有言辞能描述我因他而蒙受的损失。"他在给阿·索末菲的信中说："我要竭尽全力让理智的工作来填补我未来的生活。"

普朗克面对如此巨大的悲痛，仍以泰然的心态处之，实在让人敬佩。事实证明，他赢得了世人的尊重。如果我们的心灵能不断地得到坚韧、顽强、刻苦、质朴之泉的灌溉，那么不论我们一贫如洗或是位卑如蚁，也可以求得平和之心态。

任何事情都有它的两面性。成就能给你带来快乐，也可以给你带来烦恼。不要过分地去追求，也不要过分地重视自己的地位，你便会过得坦然而自信。

坦然是一面镜子，一有裂痕就难以复原。1988 年的汉城奥运会，约翰逊只用 47 分 9 秒 79 的时间就跑完全程。然而，经过检验发现，他服用了兴奋剂，约翰逊的行为让人们对他由敬佩变为了蔑视，难道是他没有信心获得冠军，还是仅仅为了那一点儿虚荣而毁坏了自己的人格？他这样做对别的运动员是不公平的，约翰逊缺少的是心灵深处的坦然。当人的心中拥有一份坦然的时候，你就会发现只有一株靠自己辛勤种植培育的花，才能开花结果，才能散发出令人陶醉的芳香。

一个人的坦然，是一种生存的智慧，生活的艺术，是看透了社会人生以后所获得的那份从容、自然和超然。

一个人想要自在自如地生活，心中就需要多一份坦然。笑对人生的人比起在曲折面前消极沉沦的人、脸上常常阴云密布的人，更能得到成功的垂青。

马克·吐温被评论家们称羡为"美国最伟大的、爱开玩笑的人"，他也是美国最伟大的哲学家之一。他从小就已经接触到生活的种种悲剧：他的两个哥哥和一个姐姐，在他年少时相继死去；他的4个孩子，在他还活在人世的时候，也都一个个先他而去。他饱尝了生活的苦楚艰辛，可他坚信，如果用欢笑作为止痛剂来减轻苦痛，也能够得到乐趣。我们可以适当地使自己处于超然的地位，来观赏自身痛苦的情景。

在沉重的打击面前，需要有处变不惊的乐观心态，这样就能战胜沮丧，化坎坷崎岖为康庄大道。你可能一时丢掉了原本属于你的东西，或是错过了一次机会，但是，在精神上绝不能被困境所击败。冷静而达观，愉快而坦然，是成功的催化剂，是另辟蹊径、迎接胜利的法宝。

无所欲，无所求，只愿有个好的体魄，有个幸福的家庭，衣能裹体，食能饱腹足矣。这是一种超境界的平常心态。

摒弃世俗的偏见，豁达、洒脱，无忧无虑地承受人生百味，努力做到富不狂、贫不悲、宠不荣、辱不惊，就能真正拥有一颗健康、平和的心态，就能痛痛快快地享受人世间的阳光和温馨。

1914年12月的一天晚上，爱迪生所在的新泽西州某市的一家工厂失火，将近100万元的设备和大部分的研究成果被烧得一无所有。第二天，这位67岁的发明家在他的希望和理想化为灰烬之后，来到现场。大家都用同情和怜悯的眼光看着他，而他却镇定自若地对众人说："灾难也有好处，它把我们所有的错误都烧光了，现在可以重新开始。"正是这种超凡脱俗的乐观心态，使这位大发明家在事业上步步迈向成功。

这个世界上有太多的诱惑，就有太多的欲望。一个人需要以清醒的心智和从容的步履走过岁月，他的精神中必定不能缺少淡泊。淡泊是一种境界，更是人生的一种追求。虽然，我们每个人都渴望成功，但我们更需要的是一种平平淡淡的生活、一份实实在在的成功。

得意也罢，失意也罢，要坦然地面对生活的苦与乐。假如生活给我们的只是一次又一次的挫折，也没什么大不了，因为那只是命运剥夺了我们富贵的权利，但并没有夺走我们快乐和自由的权利。

因为生活中是没有旁观者的，每个人都有一个属于自己的位置，每个人也都能找到一种属于自己的精彩。坦然，会让我们的生活美丽而快乐！

即使做个小人物也不必自卑

事实证明，世界上只有2%的人能够获得成功，而98%的人只能是平凡的普通人。有些聪明能干、有远大抱负的年轻人总是瞧不起那些平凡过日子的人。他们认为这些人"没出息"、"微不足道"、"活得没意思"。当他们发现自己奋斗失败，面对和常人一样平淡无奇的生活时，就觉得生活无聊透了，生出了无尽的烦恼。

做一个平凡的小人物也并没有什么不光彩的。生活中我们常常忽略了小人物，可小人物并非是愚人蠢者，恰恰相反，他们中也有很多是能工巧匠。

人人都有自己的生活方式，小人物没有大人物的辉煌，但却有自已平实的欢乐，我国著名物理学家钱学森是这样用先人的哲理来启发他的学生认识到这个问题的。

当时，有个别学生因专业不对口而思想波动，认为从事火箭导弹事业是大改行，所学非所用，搞不出什么名堂来，白白贻误了青春，当"大科学家"、"大人物"的梦想破灭了，因而不甘心做"专业不对口"的"小人物"。

钱学森了解到这个情况之后，讲了一番富有哲理、幽默风趣的话，产生了很好的效果。他说："我想，当人类还生活在伊甸园的时候，是分不出什么大人物和小人物的。只是人类自然渐渐地感到大家都是一般高低的生活太乏味了，于是，才有人站在了高处，成了大人物。人群里便有了大人物与小人物。

"其实，少数大人物的存在，首先是因为有千千万万不显眼的小人物的衬托而存在的。时常是小人物成就着那些大人物。小人物就像池塘里的水，大人物就像浮出水面香气袭人、亭亭玉立的荷花。试想，没有水，荷花何以生存？

"人们往往只看到少数大人物的作用。殊不知，在日常生活和平凡的事业中，小人物比大人物更不可少。虽说不想当元帅的士兵不是好士兵，但是，如果每一个士兵都想当元帅的话，那支军队肯定是无法打仗的。拿破仑再厉害，真正动刀枪的还是成千上万的士兵。"

正如钱学森所说，有了小人物的安分，才成就了大人物的辉煌。大人物蓝图一描，众多勤恳的小人物努力为之工作，成绩便被一点一滴地创造出来。成绩辉煌之后，大人物更有了资本，于是靠着一丝思想的灵感，继续推动着世界前进的脚步。

一个站在山顶上的人和一个站在山脚下的人，所处的地位虽然不同，但在两者眼中所看到的对方却是同样的大小。所以，如果你是一个平凡的小人物，那就千万不要妄自菲薄，不要自寻烦恼，不要因为仰慕大人物头上的光环而忽略了自己的生活。

放下你的攀比之心

一些男人坦言，最害怕去参加同学会，因为现在的同学会简直就是"攀比会"：比事业、比地位、比房子、比车子、比银子……于是，他们越比越急、越比越累，老实说，这种烦恼都是自找的，放下攀比之心，你的生活一定会轻松很多。

尽管我们都知道"人比人，气死人"的道理，可在生活中，我们还是要将自己与周围环境中的各色人物进行比较，比得过的便心满意足，比不过的便在那儿生闷气、发脾气，其实这都是我们的攀比之心在作怪，说白了还是虚荣心在作怪。

有这种心理的人，会将别人的什么东西都拿来与自己的进行比较：家里住多大的房子、有什么样的车子、配偶长什么样、花钱的派头、地板砖的质料、孩子的学习，当然更多的就是比谁家住的、吃的、用的、玩的更阔气！

历史上也不乏权贵们互相攀比的例子：

北魏时期，河间王琛家中非常阔绰，常常与北魏皇族的高阳进行攀比，要一决高低。家中珍宝、玉器、古玩、绫罗、绸缎、锦绣，无奇不有。有一次王琛对皇族元融说："不恨我不见石崇，恨石崇不见我！"而石崇本身就是一个又富贵又爱攀比的人。

元融回家后闷闷不乐，恨自己不及王琛财宝多，竟然忧虑成病，对来探问他的人说："原来我以为只有高阳一人比我富有，谁知道王琛也比我富有，唉！"

还是这个元融，在一次赏赐中，太后让百官任意取绢，谁拿得动，这绢就属于谁。这个元融，居然扛得太多致使自己跌倒伤了脚，太后看到这种情景便不给他绢了，当时，被人们引为笑谈。

人生在世，但凡是个正常的人，多少都有些虚荣，虚荣本来无可厚非，但虚荣过火之时便是让人讨厌之时。攀比就是因过度虚荣而表现出来的一种让人讨厌的性格特征。

攀比有以下害处：

1. 让人情绪无常。当攀比之后胜了别人，立刻情绪高涨，自大狂妄，以为天下唯有我是最了不起的；可是比得过甲，不见得比得过乙，不如乙的时候立刻情绪低落，感觉脸上无光，一点儿面子都没有，恨不得找个地缝儿自己钻进去。

像元融，见别人的财富珍宝多过自己，立刻满脸忧虑，甚至都愁出病来。

2. 易伤害交际感情。人在社会中，必须与他人交往，如果你在群体中不是去攀比甲，就是攀比乙，在攀比之中会伤害和你交往的对象。比得过，你便轻视别人、看不起别人，从而不尊重别人，别人只能对你不置可否；比不过的，你会心存妒意，或造谣、或诬陷，对人用尽一切诋毁之手段，同样会伤害别人的感情，破坏良好的交际关系。最后大家都不愿意与你来往。

3. 攀比会使一个人容易走上犯罪道路。这犯罪的起因无非是想尽一切办法去扩大自己的财富，提高自己的名声。当你所使用的手段不是那么正大光明时，比如你通过贪污挪用、行贿受贿来扩大自己的财富，好去虚荣地攀比，那么总有一天你会锒铛入狱的。

有很多人并不认为自己是攀比，而认为自己花钱多、购物多、上档次，穿名牌、拿手机、玩掌上电脑是讲究生活品质，自诩自己的那些一掷千金、一掷万金的举动是"为了追求生活品质"！

实际上，那些真正讲究生活品质的人并不是体现在表面上，也不是纯粹表现在物质这个浅层次上，"讲究生活品质"只不过是为自己肤浅的攀比行为打掩护。你只要在镜中照一下自己眼角的那些不屑、那些自满，你就会明白"生活质量"不过是攀比、炫耀的代名词！事实上，这只不过是失去了求好的精神，而将心灵、目光专注于物质欲望的满足上。在一个失去求好精神的社会中，人们误以为摆阔、奢侈、浪费就是生活品质，逐渐失去了生活品质的实质，进而使人们失去对生活品质的判断力，攀比着追逐名牌、追逐金钱、追逐各种欲望的满足。

但很多一般人还是在羡慕那些住大房子、开名牌车、穿着入时、经常上星级饭店喝酒、动辄将孩子送到国外去上学、身边总有漂亮小妞的人，以为那才是生活、才是生活的本质，于是我们这些一般人不择手段地去追求，甚至到心力交瘁的地步。

如果你是一个攀比的人、一个试图攀比的人，那么，请停下你的脚步吧：

1. 别让虚荣阻碍了你享受生活。攀比让你的虚荣心满足，可为了满足你却付出了很大的代价：想方设法、不择手段、焦头烂额、心力交瘁，更大的代价是你忘了生活中还有很多比攀比更让人感到愉悦的事情。

2. 创造属于你自己的生活品质。真正的生活品质，是回到自我，清楚地衡量自己的能力与条件，在有限的条件下追求最好的事物与生活。生活品质是因长久培养了求好的精神，从而有自信，有丰富的内心世界；在外可以依靠敏感的直觉找到生活中最好的东西，在内则能居陋巷、饮粗茶、吃淡饭而依然创造愉悦多元的心灵空间。

3. 思考攀比的意义。与别人攀来比去，你最后除了虚荣心的满足或失望之外，还剩下什么？有没有意义？是徒增烦恼还是有所收获？最后思考的结果即毫无意义。你感到无意义，自然就会停止这种无聊的行为。

生活是自己的，只要自己过得开心、舒适就好，何必让有害无益的攀比损害自己的幸福呢？

如果不能勇敢地面对"伤痛"，就会被厄运带走

莎士比亚曾说："女人，你的名字是弱者。"人们似乎认为，一切与脆弱、软弱有关的名词只与女人有关，与男人无关。其实不然。男人外表刚毅、坚强，都是做给女人看的，同时又是被世俗生活中的男性文化逼出来的。男人的口头禅是：没问题，没事儿。实际上他们只想独自躲在一边大哭一场，像原始的野兽一样，躲在山洞里，默默地

舔舐伤口。

一个越战归来的美国士兵从旧金山打电话给父母,告诉他们:"爸妈,我回来了,而且要带一个朋友同我一起回家。"

"当然好啊!"他们回答,"我们会很高兴见到他的。"

不过儿子又说,"可是有件事我想先告诉你们,他只有一条胳膊和一条腿。他无家可归,我想请他回来和我们一起生活。"

"儿子,很遗憾,或许我们可以帮他找个安身之处。"

"不要,爸妈,我要他和我们住在一起!"

父亲又接着说,"儿子,他会给我们的生活造成很大的负担。我建议你先回家,然后忘了他,他会找到自己的一片天空的。"就在此时儿子挂上了电话。

一个月后,这对父母接到了来自旧金山警局的电话,警方告诉他们,你们亲爱的儿子已经坠楼身亡了。警方相信这是单纯的自杀案件。于是他们伤心欲绝地飞往旧金山,并在警方带领之下去辨认儿子的遗体。那的确是他们的儿子没错,但令人惊讶的是儿子居然只有一只胳膊和一条腿。

家人固然有些冷酷,但自己不珍爱自己,无法面对后天造成的缺陷,才使得生命过早凋零。有一则格言是这样说的:如果折断了一条腿,你就应该感谢上帝未曾折断你的另一条腿;如果折断了两条腿,你就应该感谢上帝没有折断脖子;如果折断了脖子,你就没有什么再值得忧虑的了。

男人不愿公开承认自己的病痛、烦恼和压力,遇事总是喜欢硬撑着。实际上敢于承认自己弱点的男人才是真正的男子汉。冷眼看不幸,虽然并不代表它已消失,但可以使因此而烦乱的心更宁静些,让你在比较中得到一份心灵的慰藉。不完美是生活的一部分，拥有不幸是人生另一种意义上的丰富和充实；正视不幸，它或许会将我们带入另一片风光地带。

摆一个胜利的 POSE

无论你内心的感受如何，你都要摆出一副赢家的姿态。就算你落后了，如果仍能够保持自信的神色，仿佛成竹在胸，会让你心理上占尽优势，而终有所成。

两个国家因边境问题发生冲突，强国首相接见了来访的小国大使。小国大使的话充满了威胁："让步吧！我们兵强马壮，惹我们的人没好下场！"强国首相哈哈大笑："我们要比你们强大 100 倍！"

小国大使仍不示弱，继续恐吓对方："我国有 25000 人的精良部队，能够占领贵国。"

强国首相大笑："我们拥有的军队，人数多过你们 100 倍！"

谈判至此，小国大使显露出慌张的神色，表示必须先向国内请示之后，方能再继续谈下去。

当双方再度展开谈判时，小国大使的态度有了 180 度的转变，趋向妥协，转为向大国求和。强国首相诧异对方的改变，以为小国受到己方国力强盛的震慑，故而细问小国大使求和的原因。

小国大使神色自若地回答："不是我们惧怕你们的兵力，而是我

131

们的国土太小，恐怕容纳不下 250 万名的战俘。"

这个故事看起来有点儿可笑，但从小国大使的身上你却更能够看到一种姿态、一种必胜的姿态。

有自信的人，从未想过失败。即使是像这个小国，实力如此薄弱，却依然考虑的是战胜后，狭窄的国土是否容纳得下为数众多的战俘。谁说弱者必败？

对自己有绝对信心的人，可以克服任何的困难与挫折。他们的眼光，只定位在成功的一方；信心正确地引导着他们，一路披荆斩棘，奋勇直前。

有这样一个小故事：在一个王国里，有位大臣特别聪明，而这位大臣也因他的聪明受到国王格外的宠爱与信任。

这位聪明的大臣不论遇上什么事，总是愿意去看事物好的那一面，因此，别人送了他一个雅号"必胜大臣"。

国王热爱打猎，有一次在追捕猎物的过程中，弄断了一节食指。国王剧痛之余，立即召来"必胜大臣"，征询他对这件意外断指事情的看法。

"必胜大臣"仍本着他的作风，轻松自在地告诉国王，这应是一件好事。

国王闻言大怒，认为"必胜大臣"在嘲讽自己，立刻命左右将他拿下，关到监狱里待斩。

"必胜大臣"听后，笑着说："您不敢杀我，总有一天您还得把我放出来。"国王听了怒色道："来人，给我拉出去斩了。"但想一想道："先押入死牢。"就这样"必胜大臣"被关进死牢。

国王的断指痊愈之后，也忘了此事，又兴冲冲地忙着四处打猎。

却不料带队误闯邻国国境，被丛林中埋伏着的一群野人活捉。

依照野人的惯例，必须将活捉的这队人马的首领献祭给他们的神，于是便抓了国王放到祭坛上。正当祭奠仪式开始时，主持仪式的巫师突然惊呼起来。

原来巫师发现国王断了一截的食指，而按他们部族的律例，献祭不完整的祭品给天神，是会受天谴的。野人连忙将国王解下祭坛，驱逐他离开，另外抓了一位同行的大臣献祭。

国王狼狈地回到朝中，庆幸大难不死，忽然想到"必胜大臣"曾说过的话，立刻将他由牢中放出，并当面向他道歉。

在许多时候或许你的实力很差，地位很卑微，或者钱不多，但无论如何信心不能少。只要你坚持真理，不但能够给自己平添许多勇气，还能够震慑你的对手。

拥有财富而不得意忘形

金钱是生活的必需品，是衣食住行的基本保证，没有它就不能在钢筋水泥的城市中生存。作为男人，应当珍惜你的金钱。这并不是教你吝啬，而是要你把钱用在该用的地方。假如你过分地炫耀你如何如何有钱，那么，你便将你的财富置于危险的境地。

有这样一则笑话：有位一夜暴富的大款，开着名牌跑车，戴着名牌手表，脚穿名牌皮鞋。总之，凡是能炫耀的地方，全都是名牌货。

一日，他驾车外出兜风时，发生了恶性交通事故。他幸免于难，当救护人员费了九牛二虎之力，把他从车厢里救出来时，他一看被撞毁的豪华轿车，便号啕大哭："哎呀！我的奔驰呀！"这时，一名救护人员发现大款的胳膊已被撞断了，便生气地对他说："就知道哭你的车，瞧瞧你的胳膊吧！"大款看了一眼胳膊没有说什么，接着又大哭起来："哎呀！我的'劳力士'呀！"

物质上的充足代替不了精神上的空虚。除了可以炫耀的财富之外，没有风度、没有学识、没有理想、没有修养，真是"穷"得只剩下了钱。一个视金钱比生命还重要的人，与其说他拥有财富，还不如说他是财富的奴隶。

在当代，有的男人总喜欢把尊严和金钱相提并论，以为有了钱就有了尊严，炫耀财富即是高贵身份的体现。其实不然，这根本就是截然不同的两个概念，金钱买不来真正的尊重，而人的尊严也无法用金钱衡量。

对自己的财富应该珍惜，但无须过分炫耀。铺张浪费，不如勤俭节约。在台湾商界赫赫有名的"威京小沈"沈庆京，拥有数十亿的资产。这位白手起家的富豪平常不太注意吃穿，就连领带有时候也不打，朋友偶尔批评他的西装款式不新，料子不好，他总是不以为然地回答："马马虎虎啦！"不过，公司内的影印纸消耗过多，或电灯没有随手关掉，常会遭到他责骂。

一个人的尊严并非高高在上、高不可攀的，以平视的角度看待世界，不必对世态常情耿耿于怀便是一种尊严的体现。

对于人情冷暖、世态炎凉，要有超然的态度才算得上大彻大悟。但很多人都没有这种超然的态度，殊不知，趋炎附势乃世态常情。

假使你过分地炫耀你的财富，只为抬高虚荣身份，这只能说明你的庸俗。这样你只会离人们越来越远，甚至被完全孤立起来。当你把财富用在该用的地方时，人们反而会更加尊重你。

成熟的男人要能够正视不完美

人无完人，每个人都会有一些缺陷：外貌上的、性格上的、经历上的……苛求完美的人其实是在自寻烦恼，当一个人懂得承认自己的不完美时，他也就真正地成熟起来了。

有一个男人，单身了半辈子，突然在 40 岁那年结了婚。新娘跟他的年纪差不多，但是她以前是个歌星，曾经结过两次婚，都离了，现在也不红了。在朋友看来，觉得他挺亏的，这不是一个好的选择，因为新娘身上的瑕疵太多了。

有一天，他跟朋友出去，一边开车，一边笑道："我这个人，年轻的时候就盼望着能开宝马车，可是没钱，买不起；现在呀也买不起，只能买辆三手儿车。"

他的确开的是辆老宝马车，朋友左右看看说："三手儿？看来很好哇！马力也足！"

"是呀！"他大笑了起来，"旧车有什么不好？就好像我太太，第一个老公是广州人，又嫁过上海人，还在演艺圈待过 20 年，大大小小的场面见多了。现在老了，收了心，没有以前的娇气、浮华气了，又做得一手好菜，又懂得做家务。说老实话，现在正是她最完美的时候，反而被我遇上了，我真是幸运呀！"

"你说得挺有道理的！"朋友陷入沉思。

他拍着方向盘，继续说："其实想想我自己，我又完美吗？我还不是千疮百孔，有过许多往事、许多荒唐，正因为我们都走过了这些，所以两人都变得成熟、都懂得忍让、都彼此珍惜，这种不完美，正是一种完美啊！"

正因为这位男士能够承认自己的不完美，他才不苛求爱人完美，结果两个有瑕疵的人才能走到一起，组成了一个幸福的家庭。从某种意义上看，人就是生活在对与错、善与恶、完美与缺陷的现实中，我们既然能从自己非常优秀与完美的现实中受益，为什么就不能从自己的缺陷中受益呢？

有缺陷并不是一件坏事，那些自认为自身条件已经足够好以至于无可挑剔、不必改变现状的人往往缺乏进取心，缺少超越自我、追求成功的意志；相反，承认自己的缺陷，正确认识自己的长处与不足，可以使我们处在一种清醒的状态，遇事也容易作出最理智的判断。

在人世间，人是注定要与"缺陷"相伴，而与"完美"相去甚远的。所以，不完美也是一种完美，把自己定位为一个不完美的人，是一种豁达、成熟，更是一种智慧！

第六章
男人的品位不是金钱的产物

男人的品位不是金钱的产物,富有的男人不一定有品位。男人的品位不在于男人脖子上的金项链,男人的品位不在于男人手指上的大钻戒,男人的品位不在于男人手腕上的劳力士表,男人的品位不在于男人身上的梦特娇,男人的品位不在于男人挂在腰带上的都澎打火机,男人的品位不在于男人插在胸口上的都澎金笔,男人的品位不在于男人胸前打着的金利来领带,男人的品位不在于男人身上的袖口处还带着商标的名牌西服,男人的品位在于男人日常生活中的一点一滴。能说会道却齿留菜渣的男人没有品位,穿戴华贵却边走边剔牙的男人没有品位,留着又脏又黑长指甲的男人没有品位,穿黑皮鞋白袜子的男人没有品位,油头粉面、一派奶油小生的男人没有品位,在公众场合挖鼻孔、掏耳朵的男人没有品位,像馋嘴猫似的、来不及抹干净嘴的男人没有品位,在饭桌下偷偷脱掉鞋子的男人更加没有品位……

别让贪欲控制了你

人的欲望是没有尽头的，欲望越大，人就越贪婪，而你的贪欲最终将给你和家庭带来不幸。因此，你必须学会节制欲望，别让贪欲控制了你。

现代人的执著追求，既包含精神世界的，亦包含物质世界的。现代人应切忌贪婪，既包含物质方面的，更包含精神方面的。

"贪人败类"是《诗经·大雅》中的古训，借伊索的话来解释，即："有些人因为贪婪，想得到更多的东西，却把现在所有的也失掉了。"

有这样一个神话故事：有个农夫到山中打柴，他显得有些衰老，且常常受到妻子的奚落。这天，他幸遇"青春泉"，解了渴。回到家后，妻子大为惊讶，因为他突然变得年轻了许多。经追问，方知是饮用了青春泉水的缘故。于是，妻子迫不及待地跑到那里狂饮起来，可是，由于她贪得无厌，不知节制，终于由中年蜕化为青年，再蜕化为少年，最后竟变成了呱呱坠地的婴儿，当丈夫赶赴泉边时，只好叹息着把她抱起来，当做子女抚养了。就因为她"贪婪无度"，以致失去了正常的生命秩序，变成有待于重新进行心智启蒙的新生儿，成为生命智慧的赤贫者。

贪婪者多贫穷，还在于它往往表现为一种剥夺：对物欲的贪婪，常常会失去珍贵的生活空间，就如同有些新婚夫妇把新房变成高贵的"家具店"，富足是富足了，但却使有限的生活空间变得窘迫不堪；对精神生活的贪婪，常常会排挤掉正常的伦理情感的交流活动。

所以，何必贪求太多呢？抛却泛滥的物欲，你才能拥有高质量的生活品位和高境界的人生。

有一个扫地和尚的故事，说的是一座县城里，有一位老和尚，每天天蒙蒙亮的时候就开始扫地，从寺院扫到寺外，从大街扫到城外，一直扫出离城十几里。天天如此，月月如此，年年如此。小城里的年轻人，从小就看见这个老和尚在扫地。那些做了爷爷的，从小也看见这个老和尚在扫地。老和尚虽然很老很老了，就像一株古老的松树，不再见它抽枝发芽，可也不再见衰老。

有一天老和尚坐在蒲团上，安然圆寂了，可小城里的人谁也不知道他活了多少岁。过了若干年，一位长者走过城外的一座小桥，见桥石上刻着字，字迹大都磨损了，老者仔细辨认后，才知道石上刻着的正是那位老和尚的传记。根据老和尚遗留的度牒记载推算，他享年137岁。

据说军阀孙传芳的部队有一位将军在这座小城扎营时，突然起意要放下屠刀，恳求老和尚收他为佛门弟子。这位将军丢下他的兵丁，拿着扫把，跟在老和尚的身后扫地。老和尚心中自是了然，向他唱了一首偈：

扫地扫地扫心地，

心地不扫空扫地。

人人都把心地扫，

世上无处不净地。

现代人也许会讥笑这位老和尚除了扫地还是扫地，生活太平淡、太清苦、太寂寞、太乏味。其实这位老和尚就是在这平淡中，给小城扫出了一片净土，为自己扫出了心中的清净，扫出了 137 岁高寿，谁能说这平淡不是人生智慧的提炼？这个故事正说明了平淡对人心清净的重要。

法国杰出的启蒙哲学家卢梭认为现代人物欲太盛，他说："10 岁时被点心、20 岁被恋人、30 岁被快乐、40 岁被野心、50 岁被贪婪所俘虏。人到什么时候才能只追求睿智呢？"人心不能清净，是因为物欲太盛。人生在世，不能没有欲望。除了生存的欲望以外，人还有各种各样的欲望，欲望在一定程度上是促进社会发展和自我实现的动力。可是，欲望是无止境的，尤其是现代社会物欲更具诱惑力，如果管不住自己的欲望，任它随心所欲，就必然会给人带来痛苦和不幸。

一位先生在自己的名片上印上"自由人"，因为他认为自己活得很洒脱。有人问他何故要给自己加上这么个头衔，他说："我现在离了婚，无牵无挂，在公司里我说了算，在外面可以随心所欲。"他的话语刚落，包里的手机就响了。他掏出手机听了不大一会儿，脸色骤变，匆匆向别人告辞说："不好，工人嫌工资低要停工，我得赶快回去处理。"其实，一个人自由不自由，不在于随心所欲，而在于能时时顺心尽意。这位老总虽然有权有钱，可以随心所欲，但这一切并不等于自由。因为工人要停工，八成与自己的随心所欲有关。一位哲人说："人的自由并不仅仅是在于做他愿意做的事，而在于永远不做他不愿做的事。"这句话提醒人们，任何自由都是有限度的、有规则的。有了行为的自由，才能获得精神上的真正自由。精神自由的人，大多能淡泊名利、自甘平淡，保持一种宁静的超然心境。做起事来不慌不忙，不躁不乱，井然有序。面对外界的各种变化不惊不惧、不愠不怒、不暴不躁。面对物质引诱，心不动、手不痒。没有小肚鸡肠带来的烦恼，没有功名利禄的拖累。活得轻松，过得自在。白天知足常乐，夜里睡觉安宁，走路感觉踏实，蓦然回首时没有遗憾。人体的神经系统常处于一种稳定、平衡、有规律的正常状态。这才是心灵的最大舒展。我们再看看那些拒绝平淡者，他们管不住自己的物欲，有的当了囚犯，有的掉了脑袋，有的虽然侥幸没有被检举揭发出来，但他们整天心惊胆战，心灵失去了自由。

如果一个人有太多的物欲和虚荣心，那么他在行走时，就会因这些重负而寸步难行。

有一位禁欲苦行的修道者，准备离开他所住的村庄，到无人居住的山中去隐居修行，他只披一块布当做衣服，就一个人到山中居住了。

后来他想到当他要洗衣服的时候，他需要另外一块布来替换，于是他就下山到村庄中，向村民们乞讨一块布当做衣服，村民们都知道他是虔诚的修道者，于是毫不犹豫地就给了他一块布。

当这位修道者回到山中之后，他发觉在他居住的茅屋里有一只老鼠，常常会在他专心打坐的时候来咬他那件准备换洗的衣服，他早就发誓一生遵守不杀生的戒律，因此他不愿意去伤害那只老鼠，但是他又没有办法赶走那只老鼠，所以他回到村庄中，向村民要一只猫来饲养。

得到了一只猫之后，他又想到了——"猫要吃什么呢？我并不想让猫去吃老鼠，但总不能跟我一样只吃一些水果与野菜吧！"于是他又向村民要了一头奶牛，这样那只猫就可以靠牛奶维生了。

但是，在山中居住了一段时间以后，他发觉每天都要花很多的时间来照顾那头奶牛，于是他又回到村庄中，他找到了一个单身汉，于是就带着这无家可归的单身汉到山中居住，帮他照顾奶牛。

那个单身汉在山中居住了一段时间之后，跟修道者抱怨说："我跟你不一样，我需要一个太太，我要正常的家庭生活。"

修道者想一想也是有道理，他不能强迫别人一定要跟他一样，过着禁欲苦行的生活……

这个故事就这样继续演变下去，你可能也猜到了，到了后来，也就是半年以后，整个村庄都搬到山上去了。一个人如果物欲太盛，那么他的心就永远难以平静，也就谈不上修身养性了。

真正的开心滋味不是用金钱和权势换回来的，只有节制欲望，放下贪欲，你的心情才会舒畅，你才能领略到生活的乐趣。

只有放下，才能享受快乐

生活中，我们身上的沉重负担往往都是自己加上的，而解铃还须系铃人，只要你自己心无挂碍，什么都看得开、放得下，那么你就能享受到生活的真趣味。

一个富翁背着许多金银财宝，到远处去寻找快乐。可是走过了千山万水，也未能寻找到快乐，于是他沮丧地坐在山道旁。一农夫背着一大捆柴草从山上走下来，富翁说："我是个令人羡慕的富翁。请问，为何我没有快乐呢?"

农夫放下沉甸甸的柴草，舒心地揩着汗水："快乐其实很简单，放下就是快乐呀!"富翁顿时开悟：自己背负那么重的珠宝，老怕别人抢，总怕别人暗害，整日忧心忡忡，快乐从何而来?于是富翁将珠宝、钱财接济穷人，专做善事，慈悲为怀。这样滋润了他的心灵，他也尝到了快乐的味道。

要人放下所有一切的执著毕竟困难，但如果能够洞悉人生"得"与"舍"的真谛，则逆境便会少了许多，顺境必定增加不少。

放下的同义词是"割舍"，单看字面的意思就知道颇为困难，"割"了再"舍"，多难啊!但人生本来就应处处割舍，无处不舍，该舍得舍，来得去得。舍，确实有如割肉一样困难，所以往往有人舍是为了得到更多，现今社会，舍得钱的观念相当普遍，不过"名"、"闲"却永远无法两全，有名的人，多半难有空闲。

佛经上有这样的故事：

梵志拿了两株花要供佛。

佛曰："放下。"

梵志放下两手中的花。

佛又曰："放下。"

梵志说："两手皆空，还要放下什么?"

佛曰："你应当放下外六尘，内六根，中六识，一并舍却。到了没有可以舍的境界，也就是你免去生死之别的境界。"

据说唐朝的慧忠禅师修行甚为微妙，被唐肃宗迎入京都，待以师礼，朝野都尊其为国师。

有一天，当朝的大臣鱼朝恩来拜见国师，问曰："何者是无明，无明从何时起？"

慧忠国师不客气地说："佛法衰相今现，奴也解问佛法！"（佛法快要衰败了，像你这样的人也懂得问佛法！）

鱼朝恩从未受过这样的羞辱，立刻脸色骤变，正要发作，国师说："此是无明，无明从此起。"（这就是蒙蔽心性的无明，心性的蒙蔽就是这样开始的。）

鱼朝恩当即省悟，从此对慧忠国师更为钦敬。

有许多人何尝不想放下，但一事当前能够大彻大悟之人又有几个呢？究其原因是由不能摆脱世俗的诱惑所致。

大慧宗杲禅师也有一个类似的故事，有一天，一位身经百战的将军来拜见他，对他说："等我回家把习气除尽了，再来随师父出家参禅。"

大慧禅师一言不发，只是微笑。

一个月后，将军果然又来拜见，说："师父，我已经除去习气，要来出家参禅了。"

大慧禅师说："何故起得早，留妻与人眠。"（你怎么起得这么早，让妻子在家里和别人睡觉呢？）

将军大怒："大胆僧秃子，焉敢乱开言！"

禅师大笑，说："你要出家参禅，还早呢！"

可见要做到真心体寂，哀乐不动，不为外境言语流转牵动是多么不易。我们被外境所牵动就有如对着空中撒风，必然是空手而出，空手而回，只是感到人间徒然，空叹人心不古、世态炎凉罢了。禅师，以及他们留下的经典都告诉我们，本然的真性如澄水、如明镜、如月亮，我们何时见过大海被责骂而还口，明镜被称赞而欢喜，月亮被歌颂而改变呢？大海若能为人所动，就不会如此辽阔；明镜若能被人玷污，就不会这样干净；月亮若能随人而转，就不会那样光辉普照了。

有这样一个故事。一位终日忙碌的男人，通常深夜两点返家，有天偷得半日闲，晚上8点便带着欢喜的心情回家，准备好好陪陪小孩，却被妻子和小孩当做夜入民宅的歹人而报警，因为家人从未想到他能这么早回来。

这可不是特例，很多忙碌的现代人可能都有这种困境，得到的是忙碌之后的家财万贯，失去的却是爱人与孩子的心；名利的背后也许是一堆刻骨铭心的痛，很多人钱是赚足了，但失去了健康的体魄和家人的亲情。

生活中不少人都是20岁的年纪，60岁的身体，这都是因为他们无法放下对物欲的执著。

其实要想真正放下，倒也不难。只要仔细算一算岁月账、感情账、金钱账和名利账，就会明白金钱名利不过是过眼烟云，而身体、情感和家庭亲情，才更加可贵。说到赚钱，一个人如果不偷不抢，那么他一辈子所需的钱并不太多，而所赚的钱，也多数相同，但你可以用80年"领完"，也可以选择只用40年就赚光它，结论一样，过程不同。但一个人的健康失去了，就不会回来；一个人的情感受到伤害，更难以修复。

抛弃对身外之物的贪欲

男人应该明白，我们每一个人所拥有的财物，无论是房子、车子、票子等，不管是有形的，还是无形的，没有一样是属于你的，那些东西不过是暂时寄托于你，有的让你暂时使用，有的让你暂时保管而已，到了最后，物归何主，都未可知。所以，何必为身外之物太过烦心呢？

现代人越来越重视对金钱、权势的追求和对物质的占有，殊不知，金钱和权力固然可以换取许多物质上的享受，但却不一定能获取真正的开心。

过去有个大富翁，家有良田万顷，身边妻妾成群，可日子过得并不开心。

挨着他家高墙的外面住着一户修鞋的，夫妻俩整天有说有笑，日子过得很开心。

一天，富翁的小老婆听见隔壁夫妻俩唱歌，便对富翁说："我们虽然有万贯家产，还不如穷鞋匠开心！"富翁想了想笑着说："我能叫他们明天唱不出声来！"于是拿了两根金条，从墙头上扔过去。修鞋的夫妻俩第二天打扫院子时发现不明不白而来的两根金条，心里又高兴又紧张，为了这两根金条，他们连修鞋的活也丢下不干了。男的说："咱们用金条置些好田地。"女的说："不行！金条让人发现，别人会怀疑我们是偷来的。"男的说:"你先把金条藏在炕洞里。"女的摇头说:"藏在炕洞里会叫贼娃子偷去。"他俩商量来,讨论去,谁也想不出好办法。从此,夫妻俩饭也吃不香,觉也睡不安稳,当然再也听不到他俩的笑声和歌声了。富翁对他小老婆说:"你看,他们不再说笑,不再唱歌了吧!办法就这么简单。"

鞋匠夫妻俩之所以失去了往日的开心,是因为得了不明不白的两根金条。为了这不义之财,他们既怕被人发现怀疑,又怕被人偷去,有了金条不知如何处置,所以终日寝食难安。

就像这对穷夫妻一样,一些男人现在拥有了年少时所渴望的东西,但他们却失去了快乐的感觉。原来,当我们被身外之物羁绊住时,我们就会迷失自己,无法弄清什么才是自己真正需要的。

南方的一个古镇上有一个铁匠铺,铺里住着一位老铁匠。主要以打制一些铁锅、斧头为营生。他的经营方式非常古老和传统,人坐在木门旁,货物摆在门外,不吆喝、不还价,晚上也不收摊。你无论什么时候从这儿经过,都会看到他在竹椅上躺着,眼睛微闭着,手里拿着一个陈旧的半导体小收音机,身旁是一把紫砂壶。他每天的收入,正够他喝茶和吃饭的。他觉得自己老了,目前的生活既悠闲又惬意,因此非常满足。

一天,一个古董商人从老街上经过,偶然间看到老铁匠身旁的那把紫砂壶古朴雅致,黑紫如墨,有清代制壶名家戴振公的风格。他走过去,顺手端起那把壶,发现壶嘴处有戴振公的印章,商人惊喜不已,因为戴振公在世界上有捏泥成金的美名。据说他的作品现在仅存3件,一件在美国纽约州立博物馆里,一件在台湾"故宫博物院",还有一件在泰国一位华侨手里。

商人想以 15 万元的价格买下那把壶。当他说出这个数字时，老铁匠先是一惊，后又拒绝了，因为这把壶是他祖辈留下来的，他们几代人打铁时都喝这把壶里的水，他们的汗也都来自这把壶。

壶虽没卖，但商人走后，老铁匠有生以来第一次失眠了。这把壶他用了近 60 年，并且一直以为是把普普通通的壶，现在竟有人要以 15 万元的价钱买下它，他一时回不过神来。

过去他躺在椅子上喝水，都是闭着眼睛把壶放在小桌上，现在他总要坐起来看一眼，这让他非常不舒服。特别让他不能容忍的是，周围的人们知道他有一把价值连城的茶壶后，蜂拥而来，有的打探他还有没有其他的宝贝，有的甚至开始向他借钱。他的生活被彻底打乱了，他不知该怎样处置这把壶。

当那位商人带着 20 万元现金，再一次登门的时候，老铁匠再也坐不住了。他召来自己的几房亲戚和前后邻居，当众把那把价值连城的壶砸了个粉碎。

现在，老铁匠还在卖铁锅、斧头，他已经 98 岁了。

对于真正享受生活的人来说，任何不需要的东西都是多余的。要那么多的钱干什么？对于老铁匠来说，房子再大，能用于睡觉的却只是一张床；锦衣玉食并不合他的心意，粗布衣衫、白粥咸蛋才是他的最爱。而这样的生活，需要那么多的钱干什么?!

很多人会说这是一个、被金钱推动的社会，是人们追求金钱的欲望以及拥有了金钱的虚荣才使它永远向前。这是怎样的一种谬论啊！我们应该平静地面对生活给予的一切，不要让欲望这个没有止境的黑洞来洞穿我们的心灵。眷恋身外之物的人，很难得到温暖，孤单和寒冷会一直伴随着他们，让他们彻底迷失自己。

在我们今天的这个社会里，要冷静而坦然地面对身边的名利的确很难，一般人都无法在心理上达到平衡。其实，与充斥铜臭气味的生活相比，平淡清贫不存在真正意义上的缺失和悬殊。金钱，生不带来，死不带去，而享有一次像老铁匠一样真正没有缺憾的生命，才是我们所追寻的人生价值之所在。

在俄国诗人涅克拉索夫的长诗《在俄罗斯，谁能幸福和快乐》一书中，诗人找遍俄罗斯，最终找到的快乐人物竟是枕锄瞌睡的普通农夫。是的，这位农夫有强壮的身体，能吃、能喝、能睡，从他打瞌睡的倦态以及打呼噜的声音中，流露出由衷的开心和自在。这位农夫为什么能如此开心？因为他不为金钱所累，把生活的标准定得很低。

法国作家罗曼·罗兰说得好，"一个人快乐与否，绝不依据获得了或是丧失了什么，而只能在于自身感觉怎样。"

有的人大富大贵，别人看他很幸福，可他自己身在福中不知福，心里老觉得不痛快；有的人无钱无势，别人看他离幸福很远，他自己却时时与快乐结缘。

有对下岗的中年夫妇在菜市上摆了个小摊，靠微薄的收入维持全家四口人的生活。这夫妻俩过去爱跳舞，现在没钱进舞厅，就在自家屋子里打开收录机转悠起来。男的喜欢喂鸟，女的喜欢养花。下岗后，鸟笼里依旧传出悦耳动听的鸟鸣声；阳台上的花儿依旧鲜艳夺目。他俩下了岗，收入减少了许多，却仍然生活得很快乐，邻居们都用惊异羡慕的目光看着他俩。

是的，也许我们无法改变自己的境况，但我们可以改变自己的心态。没有钱不要紧，但不能没有快乐，如果连快乐都失去了，那活着还有什么意义。快乐是人的天性的追求，开心是生命中最顽强、最执著的律动。

抛弃对身外之物的贪欲，在物质世界和精神世界中，只要开开心心，生活的趣味就会更浓厚，恐惧和压抑感就会自然从内心深处消失。坦坦荡荡地做人，开开心心地生活，美好的日子就会永远留在你身边。

超越金钱的 "金钱观"

从一个人看待金钱的态度中，就可轻而易举地窥探出他的品位。我们承认，在商业社会中，金钱很重要，"没有钱是万万不能的"，但钱并不能成为人生唯一的追求。如果你把自己的人生完全定位在金钱之上，那就太没品位了。

哲学家史威夫特说过："金钱就是自由，但是太多了却是桎梏。"

歌德也曾经说过：唯有懂得金钱真正意义的人，才应该致富。他的意思是说，许多人虽然能够很快致富，却不能关怀、体谅别人。他们被金钱蒙住了眼睛，失去了合理运用金钱的理性，终归会为此而付出昂贵的代价。

在这里要告诫大家一个基本的品位哲学命题：做金钱的主人，不要做它的奴隶！

换句话说，不要被金钱所束缚。单是这个基本的想法，就值得被跨越任何时代而铭记在心。我们虽然难以达到美国石油大王洛克菲勒的境界和成功学家卡耐基所说的标准，但作为普通的男人，却可以活出自己的风采。

诚如托尔斯泰所说的那样，钱只有在使用时才会产生它的价值，如果放着不用，就毫无意义。

让金钱为我所用，为人所用，而不要成为不肯花钱的、可怜的守财奴，这样的人生才能痛快潇洒！

人生是一趟没有返程票的旅行。只有摆脱金钱的累赘和捆绑，才能让人生变得轻松自如，方能领略到旅途中的风景，品尝到人生的快乐。

有个小故事说，一个欧洲观光团来到非洲一个叫亚米亚尼的原始部落。部落里有一个小伙子穿着白袍盘着腿，安静地坐在一棵菩提树下做草编。草编非常精致，它吸引了一位法国商人。他想，要是将这些草编运到法国，巴黎的女人戴着这种小圆帽、挎着这种草编的花篮，将是多么时尚、多么迷人啊！想到这里，商人激动地问："这些草编多少钱一件？"

"10 比索。"小伙子微笑着回答道。

天哪！这会让我发大财的。商人欣喜若狂。

"假如我买 10 万顶草帽和 10 万个草篮，你打算每一件优惠多少钱？"

"那样的话，就得要 20 比索一件。"

"什么？"商人简直不敢相信自己的耳朵！他几乎大喊着问道："为什么？"

"为什么？"小伙子也生气了，"做 10 万件一模一样的草帽和 10 万个一模一样的草篮，这会让我乏味死的。"

商人还是不能理解，因为在追逐财富的过程中，许多人忘了金钱之外的许多东西，而故事中，那位亚米亚尼小伙子真正领悟了人生的真谛。

然而，在现实生活中，我们看到，许多人在赚钱之初，并没有想过这一生赚钱的目的何在？

是自己消费，抑或留给后代，或是施舍于慈善事业、造福于社会？你若去问他，大多数人的回答一般都是"不知道"。在社会一致认同"赚钱很重要"的情况下，便开始了一生忙忙碌碌、早出晚归、拼命赚钱的生活。殊不知，不管赚多少钱，是绝不可能带到下辈子的。许多人一生忙于赚钱，到最后却忘了或根本就不知道赚钱的初衷，将手段变为目的。拼命赚钱，不懂得如何利用金钱使自己更幸福、更快乐、更健康，也不懂得回报社会，最后变成了金钱的奴隶，变成一个十足的守财奴。金钱对于他们来说，已完全失去意义，只是一堆货币符号。更有不少人，还会深受其害，陷入甚至没于金钱的泥沼之中。不是吗？钱财是身外之物，没有它自然不能生活，但过多又成为自己的累赘。这就像一个人的10个指头，没有10个生活不方便，超过了10个就成了负担。财多必害己，多藏必厚亡。

我们应深思的是，难道拥有金钱，人就要以失去快乐作为代价吗？随着商品经济大潮的到来，拜金主义和功利主义充斥着我们生存的空间。大街小巷里、酒肆歌楼中，处处弥漫着金钱诱惑的气息，越来越多的人沉浸其中，成为金钱的奴隶。

在金钱的考验面前，很多人都在经受着冲击，从观念到心灵，从价值观到处世哲学，从情感到家庭，无不承受着改变的阵痛。越来越多的人已经在汹涌的物欲横流中迷失了自己，或被噎得喘不过气来，这是一件很可悲的事情。其实，在欲望的遮蔽下，心灵早已失去了生气，生命在金钱魔力诱惑之下也不堪重负，进而被金钱所奴役。这是许多人的处境！但让人更感到可悲的是，这些在物欲浪潮中浮沉的人们，始终执著于金钱，并且执迷不悟，郁郁而终。

所以，我们说超越金钱的"金钱观"是最有品位的男人的价值观。虽然有钱是一件好事，但千万不要把钱当成人生唯一的追求。男人应该在金钱问题上做个有品位的人，而不是庸俗到自己的一切被金钱所左右。

超越奢靡享乐的"幸福观"

对于幸福，每个人都有不同的理解。有人在锦衣玉食、夜夜笙歌中寻找幸福；有人在以苦为乐、脚踏实地地实现自我价值的过程中体验着幸福；有人看重物质享受，有人在乎精神层面的纯净。正因为对于幸福的理解上的差异，最终导致了人们的地位不同。

其实，幸福本是人内心深处的一种感觉，不管你用什么心态去理解，感觉都不会欺骗人。正因为如此，幸福才不会因为你物质上多么富有而偏袒你。也就是说，真正的幸福与物质无关，有时甚至钱越多，离幸福越遥远。

当物质生活极度丰富、当人们内心的虚荣达到了不可抑制的地步时，奢侈之心便悄然而生。

既然是商品社会，那么一切都可以用大把的金钱去解决；既然金钱赚来就是用的，那么大把地花费掉也不会觉得心痛。有时候，为了满足一下虚荣心，我们会不计后果地去做许多奢侈之事。

那么，怎样收起你的奢侈之心，养成简朴生活的习惯呢？

一是要克制越多越好的欲望。如果不乱花钱，便不需要拼命捞钱，便可以多出许多自在如意的时间，供自己随意取用。应该奉行"少即是多"的哲学，贪心少少，时间多多；东西少少，空间多多；工作少少，健康多多。

二是不要盲目购买某些流行的商品。避免追流行，因为它只是一种把你的钱从荷包里掏出来的把戏，一件衣服只穿一个夏天，但得花掉你半个月的薪水，怎么也不划算，一般人只买自己喜欢的，而并非流行的。女人如果不浓妆艳抹，也会省去不少钱，许多化妆品里都含有某些伤害人体的物质，浓郁的香气甚至会破坏呼吸系统功能，消费也相当惊人。

三是别买那些眼下看来毫无用处的东西。你的家绝不是垃圾堆置场，千万别把那些买来只用一次，或者根本不用的东西摆在家里，占据那原本已不宽敞空间。它往往只会让你心情不好，别无他益。

四是多从关心自我的角度去安排生活和工作。人生本来就是矛盾的，太会赚钱的人，没时间陪家人；竭力工作的人，体质变差；很有钱的人，很会花钱；试图拥有全世界的人，小心赔上一条命。

人只有一辈子，用不着赚出五辈子的钱，这样除了透支体力、伤身之外，别无益处。够用，即适可而止。

我们总是把拥有物质的多少、外表形象的好坏看得过于重要，用金钱、精力和时间换取一种令人羡慕的优越生活，却没有察觉自己内心的痛苦和劳累。事实上，只有真实的自我才能让人真正的容光焕发，当你只为内在的自己而活，并不在乎外在的虚荣时，幸福感才会润泽你干枯的心灵，就如同雨露滋润干涸的土地。

我们需求的越少，得到的自由就越多。正如梭罗所说："大多数豪华的生活以及许多所谓的舒适的生活，不仅不是必不可少的，反而是人类进步的障碍，对比豪华和舒适，有识之士更愿过单纯和粗陋的生活。"简朴、单纯的生活有利于清除物质与生命之间的樊篱，为了认清它，我们必须从清除身边的琐事开始，认清我们生活中出现的一切，哪些是我们必须拥有的，哪些是必须舍弃的。

人生的容量是有限度的，通常应该是多一份舒畅，少一份焦虑；多一份真实，少一份虚假；多一份快乐，少一份悲苦。外界生活的简朴会带来我们内心世界的丰富，从而使我们变得更敏锐，更能真正深入、透彻地体验和理解自己生活的品位，我们将为每一次日出、每一次草木无声生长而欣喜不已，我们将重新向自己喜爱的人们敞开心扉，表现真实的情感，热情地置身于家人、朋友之中，彼此关心，分享喜悦，真诚相待。

眼睛不要只盯在名利上

名，是一种荣誉、一种地位。大多数男人不仅热衷名利，而且不少男人为了一时的虚名所带来的好处，会忘我地去追求名利。结果他们得到了名利，却失去了快乐的心境。

沉溺于名会让你找不到充实感，让你备感生活的空虚与落寞。尤为可怕的是，虚名在凡人看来往往闪烁着耀眼的光芒，引诱你去追逐它。尽管虚名本身并无任何价值可言，也没有任何意义，但是总有那么一些人为了虚名而展开搏杀。真正体会到生命的意义、人生的真谛的人都不会看重虚名。

几年前，马思尼创业当老板，年收入超过 50 万美元。不料，就在公司的业绩如日中天的时候，他突然决定把公司交给太太经营，自己则转到一家大企业上班，月薪骤减，对此周围的人都无法理解他："你到底在想什么？"

马思尼透露，当时他的想法很简单：对方应允他可以拥有一间单独的办公室，旁边摆着一台音响，每天愉快地听着音乐工作，而这正是他一直最想过的日子。

马思尼并不想做大人物，并且，他也从不认为男人就一定要当老板，有些事其实可以让给女人做。不过，他观察到大多数的男人好像都非得做个什么头头儿，觉得有个头衔才有面子。

以前，他也有过同样的想法，到后来则发现这其实是"自己给自己套的枷锁"。于是，他渐渐学会"欣赏"别人的成就，而不是处处跟别人比。"我比别人快乐！"他说，也许别人比他有钱，做的官比他大，但是，却比他活得辛苦，甚至还要赔上自己的健康和家庭。

马思尼说，他这辈子最想做的是当一名"义工"，虽然没有名片，也没有头衔，但却是一个非常快乐的人，"我希望能在 50 岁之前，完成这个心愿。"

有些人以工作和行动来决定自己存在的意义和价值，他们在乎实实在在的好处，例如，口袋里有多少钱、开什么车、住什么房子、担任什么职务等，此外的东西对他们显然不重要了。

曾有一个笑话将"开同学会"比喻为"比赛大会"，看看谁过得好，谁赚的钞票比谁多。"嗯！他这几年混得不错，现在已经爬到总经理的位置了！""那人更风光，有自己的别墅，老婆开的都是昂贵的名车！"一些人看到别人比自己混得好，就浑身不自在，顿时觉得自己比别人矮了一截似的。

有一位男士，早年费尽心力，终于拿到博士学位，并且在一所著名的大学里任教，在学术界享有盛名。提起自己的成就，他最得意的是："很多当年的同学都很羡慕我！"

当提及他的生活时，他的表情开始转为凝重。他承认自己几乎没有家庭生活："我一天只睡 5 个小时，绝大多数的时间都用来做研究。我的太太常和我争吵，唯一的女儿也跟我很疏远，我从来没有跟她们出去度过一天假，所有的时间都给了工作。"

当人们问到他非得要把自己弄得那么累吗？他重重地叹了一口气："唉！你不知道，干我们这一行，不进则退，如果不努力，后面马上就有人追上来了！"那么，你感觉快乐吗？他愣了许久，最后终于说出真话："老实说，我一点儿都不快乐，我恨死了我现在的工作！我只想好好坐下来，什么事都不做。可是，我简直不敢回头想。以前，我的愿望只是想当一名高中老师。"

这是一个真实的例子。"名利"这个词，早已吞噬了这个男士的心灵，对他只有伤害，毫无益处。无止境地追逐成就，只会把男人弄得愈来愈累，很多男人的生活失去了平衡，他们不知道何时该停下来休息。

如果你的心里还在为领导这次提拔了别人而没有提拔你而感到愤愤不平，如果你还在因为与你一起购买体育彩票的邻居中了大奖，而你却什么也没有得到而久久不能释怀，那么，看了上面的几个例子，你是不是觉得有所省悟？其实，名利本来就是那么一回事，只要我们全身心地投入生活，那么即使没有了名利，我们也照样会生活得有滋有味，快快乐乐。

人生活在这个社会中，不可能事事顺心。或许一生的努力都是徒劳，或许高官厚禄、巨额钱财在顷刻之间就会变为乌有，荣耀风光成为黄粱一梦。一些人老谋深算，为了争名夺利，不择手段地算计他人，可在突然之间却已被他人所算计。人何必活得这么辛苦？因此，淡泊名利是人生幸福的重要前提。如果你渴望幸福，渴望真正地获得生命的意义，那么请记住——看淡名利。

内心富足是最可贵的

男人，你也许并不富有，也没有他人的无限风光，然而只要你懂得享受自己的生活，你就会过得快乐幸福。

有些外在富足的人可能是最痛苦、最不幸的人。在澳大利亚和加拿大，有近 200 万的富人正陷入沮丧的情绪中，被迫接受医院的治疗，而一些人虽然贫穷，但却活得潇洒快乐，很多时候快乐其实是内心的富足，与金钱无关。

在东方的一个国度里，有一对贫穷而善良的兄弟，他们每天上山砍柴，过着艰辛的日子。一天，兄弟二人在山上砍柴时，正好遇见一只老虎在追咬一个老人。兄弟俩奋不顾身地与老虎搏斗，终于从老虎口中救下了那位须发皆白的老人。而这位老人是一位神仙，他念及兄弟俩的善良和勇敢，于是许愿帮助他二人得到快乐，并让他们每人选一样物品，作为送给他们的礼物。

哥哥因为穷怕了，想要有永远用不完的金银财宝，于是，神仙送给他一个点石成金的手指，任何东西，只要他用这手指轻轻一触，就会立即变成金子。哥哥如愿以偿地成了富人，买了房子置了地，娶妻生子，过着十分富有的生活。

遗憾的是，金手指也成了他的一个负担。因为，只要他稍不留意，他眼前的人和物就会在瞬间变成冷冰冰的、没有生命的金子。朋友们都对他敬而远之，家人们也小心翼翼地防着他。守着取之不尽、用之不完的钱财，哥哥说不出自己是快乐还是不快乐。

而弟弟是一个单纯的人，他希望自己一辈子快快乐乐。于是，老神仙给了他一个哨子，并告诉他：无论什么时候，无论遇到什么事情，只要轻轻地吹一吹哨子，他就会变得快乐起来。

弟弟还是像以前一样，过着艰苦的生活，仍然需要与各种艰难困苦进行抗争，仍然需要靠辛勤的劳动获取温饱。但是，每当他感到一些不如意时，他就取出那只哨子，那动听的声音就像一缕缕和煦的阳光，像一阵阵温暖的春风，驱走了他的忧伤和愁苦，给他带来快乐。

快乐是我们每一个人都在追寻的，这种追寻贯穿了我们的一生。然而，快乐的源泉在哪里却不是每一个人都能找得到的。

当我们没有房子时，就在想：如果有一间自己的房子就好了，哪怕是一间小小的平房。当我们住进楼房后，又想：为什么人家有别墅呢？空间又大，又有草地，这个小楼房算什么？

知足常乐是一种非常难得拥有的美德。为什么？因为世界上没有任何东西，能满足我们内心最深处的渴求。

要想活得轻松一些，就要凡事豁达一点、洒脱一点，不必把一点点小惠小利看得过重，而要达到这种超脱境界，关键是寻求心灵的满足。如果一心只想着个人享乐，贪恋钱欲、官欲，便无异于作茧自缚，不仅自己活得筋疲力尽，还会危害他人。若快乐来自于物欲的满足，是短暂而不幸的，物欲没有止境，人生就会永无宁日，为了无休止的私欲，注定得疲于奔命，而只有来自于心灵的快乐，才是永久而幸福的，才有宁静、恬淡、平和之感，才有欣赏良辰美景的内在心境。

人们之所以活得累，就是因为眼睛总盯着名利不放，这样活着会很辛苦。很多时候执著也是一种负担，何不学着放下呢？放下了贪念，你就可以拥有真正的快乐。

第七章
男人的品位是对生活的检点

男人的品位其实是男人自己对生活的检点。男人的品位不是书本、更不是由学历所带来。男人的品位是男人对人生、对自己的一种省悟。男人的品位不是男人的饰物，男人的品位是男人高尚的一种表现。男人的品位让男人洞察一切，男人的品位让男人与众不同，男人的品位让男人活得辉煌！男人的品位不是刻意的表现，男人的品位只在于男人自身的整洁大方，男人的品位是细腻及温和的象征，男人的品位是大自然的空气。

坚守你的个性，使单调的世界更丰富

对于大多数男人来说，生活是平凡而又单调的，但我们要在这平凡中创造出不平凡，在单调中发掘出不单调，这就需要我们男人去创新，在智慧的涌动中寻求生活的快乐和幸福。创造性活动不是科学家的专利，每个男人都可以进行或大或小的创造性活动。创造性活动并非高不可攀，只要我们开动脑筋，改变事物固有的模式，推出令人耳目一新的东西，就是创造。

从前，有个小男孩要去上学了。他的年纪这么小，学校看起来却是那么大。小男孩发现进了校门口便是他的教室时，他觉得高兴。因为这样学校看起来，不再那么巨大。

一天早上，老师开始上课，她说："今天，我们来学画画。"小男孩心想："好哇！"因为他喜欢画画。

他会画许多东西，如：狮子和老虎，小鸡或母牛，火车以及船儿……

他兴奋地拿出蜡笔，径自画了起来。

但是，老师说："等等，现在还不能开始。"

老师停了下来，直到全班的学生都专心地看着她。老师又说："现在，我们来学画花。"

小男孩心里高兴，我喜欢画花儿，他开始用粉红色、橙色、蓝色蜡笔勾勒出他自己的花朵。

但此时，老师又打断大家："等等，我要教你们怎么画。"

于是她在黑板上画了一朵花。花是红色的，茎是绿色的。"看这里，你们可以开始学着画了。"

小男孩看着老师画的花，又看看自己画的，他比较喜欢自己的花儿。

但是他不能说出来，只能把老师的花画在纸的背面，那是一朵红色的花，下面长着绿色的茎。

又一天，小男孩进入教室，老师说："今天，我们用黏土来做东西。"

男孩心想："好棒。"他喜欢玩黏土。他会用黏土做许多东西：蛇和雪人，大象及老鼠，汽车、货车，他开始揉搓那球状的黏土。老师说："现在，我们来做个盘子。"

男孩心想："嗯，我喜欢。"他喜欢做盘子，没多久，各式各样的盘子便做出来了。但老师说："等等，我要教你们怎么做。"她做了一个深底的盘子。"你们可以照着做了。"

小男孩看着老师做的盘子，又看看自己的。

他实在比较喜欢自己的，但他不能说，他只是将黏土又揉成一个大球，再照着老师的方法做，那是个深底的盘子。

很快地，小男孩学会等着、看着，仿效着老师，做相同的事。

很快地，他不再创造自己的东西了。

一天，男孩全家人要搬到其他城市，而小男孩只得转学到另一所学校。

这所学校甚至更大，教室也不在校门口。现在，他要爬楼梯，沿着长廊走才能到达教室。

第一天上课，老师说："今天，我们来画画。"

男孩想："真好！"他等着老师教他怎么做，但老师什么也没说，只是沿着教室走。

老师来到男孩身边，她问："你不想画吗？"

"我很喜欢啊！今天我们要画什么？"

"我不知道，让你们自由发挥。"

"那，我应该怎样画呢？"

"随你喜欢。"老师回答。

"可以用任何颜色吗？"

老师对他说："如果每个人都画相同的图案，用一样的颜色，我怎么分辨是谁画的呢？"于是，小男孩开始用粉红色、橙色、蓝色画出自己的小花。

小男孩喜欢这个新学校，即使教室不在校门口。

盲目地跟从他人，你只能看到人家的后背，既看不清脚下的路，也无法看清方向，更观赏不了远方的风景，那和盲人又有什么区别？画家如果拿旁人的作品作自己的标准或典范，他画出来的画就没有什么价值。如果努力地从自然事物中学习，他们就会得到很好的结果。我们的思想总是局限在学校书本中得来的，我们只有挣脱束缚，用本性去思考问题，才能取得观念上的突破。生存于现今社会，个性无须张牙舞爪地袒露在外，这样易引发他人的反感，但没有了个性，生命就会失去光彩，记住，守住心门，守住内心的个性，这才是你创造的源泉，是你取之不尽用之不竭的宝库。

具有高度的自制力是一种美德

也许拥有自制力就意味着成熟。当自制力从你的心中崛起时，男人就将远离往日的欢乐。但请你相信，自制力是事业成功的必要条件。

控制自己不是一件容易的事情，因为每个男人心中永远存在着理智与情感的斗争。"做自己高兴做的事"，或者采取一种不顾一切的态度并不是真正的自由。你应该有战胜自己的信心，有控制自己命运的能力。如果任由感情支配自己的行动，自己就成为了感情的奴隶。

如果你今天计划做某件事，是否能离开温暖的小窝而义无反顾地披衣下床？如果你要远行，但身体乏力，你是否会取消旅行的计划？如果你正在做的一件事遇到了难以克服的困难，你是继续做呢，还是停下来等等看？对诸如此类的问题，若在纸面上回答，答案一目了然，但当你身处其中，自己去问自己时，恐怕就不会回答得那么干脆了。眼见的事实是，有那么多的人一旦在生活、工作中遇到了难题，就被吓倒了。他们不是不会简单地回答这些问题，而是在思想上难以控制自己。

如果一个男人任由冲动和激情支配自己，那么，在特殊时刻，他可能会完全放弃自己的道德标准，会随波逐流，成为追赶强烈欲望的奴隶，甚至侵害到他人利益。因此，我们又说自制力是一切美德的根本。

很多男人在生活中难免会遇到恶意的攻击、陷害，甚至经常会碰到种种不如意。有的男人会因此大动肝火，结果把事情搞得越来越糟，而有的男人则能很好地控制住自己，泰然自若地面对各种刁难和不如意，在生活中永远立于不败之地。

1980年美国总统大选期间，里根在一次关键的电视辩论中，面对竞选对手卡特对他在当演员时期的生活作风问题发起的蓄意攻击，当时他丝毫没有愤怒的表示，只是微微一笑，诙谐地调侃说："你又来这一套了。"一时间引得听众哈哈大笑。里根这么做，反而把卡特推入尴尬的境地，从而为自己赢得了更多选民的信赖和支持，并最终获得了大选的胜利。

自制不仅能使人充满自信，也能赢得别人的信任。人们总是相信那些能控制自己的男人，因为那样的男人更值得信任；人们也相信一个无法控制自己的男人既不能管理好自己的事务，也不能管理好别人的事务。一个男人可能在缺乏教育和健康的条件下成功，但他绝不可能在没有自制能力的情况下成功。只有通过对自己的约束，才能使自己度过艰难的岁月和困苦的境地而冲到最前面去。

但真正能做到自制的男人很少，因为他们总是很容易败在自己手里。他们总是很容易在思想上放松对自己的约束，所以要自制就必须从树立自律意识入手。

掌握思想，明白自己想要什么、不能要什么，这是认识问题；然后再弄清楚，怎样拒绝不能做的事，强制自己做该做的事，这是方法的问题；最后再掂量一下，自己做了会如何，不做又该如何，这是建立自制自律的前提。

设定好目标坚持下去，可以使自己杜绝外界的诱惑，可以使自己保持自制。在目标的指引下，就会有一股力量与勇气，使自己保持对成功的渴望与追求。

你应该把你计划要做的事，结合你的个人情况，作一个统筹安排。这可不是一件轻松的事，有的男人不但不明白自己要做哪些事，而且还不明白在什么时候、用多长时间来做某件事。如果把很多事和有限的时间充分地融合在一起，事情做好了，时间也没白白浪费，你就可选择时间来工作、游戏、休息。当我们能控制时间时，就能改变自己的一切。

在日常生活中，时时提醒自己要自律，有意识地培养自律精神。比如，针对你自身性格上的某一缺点或不良习惯，设定一个时间期限，集中纠正，效果会比较好。

一个想要成功的男人，千万不要纵容自己，给自己找借口。对自己严格一点儿，时间长了，自律便会成为一种习惯、一种生活方式，你的人格和智慧也因此会变得更完美。

有品位的男人要懂得经常反思

子曰："吾日三省吾身。"圣人尚且如此，更何况我们这些普通人？

经常反思对于男人而言，要比每天去桑拿房蒸桑拿更强。自我反思，简而言之就是自我反省、自我检查，以能"自知己短"，从而弥补短处，纠正过失。

力求上进的男人都是重视自我反思的。因为他们知道，反思自己是认识自己、改正错误、提高自己的有效途径，自我反思使人格不断趋于完善，让人走向成熟。

孔子的学生曾参说，他每天从三方面反复检查自己：替人办事儿有未曾尽心竭力之处吗？与朋友交往有未能诚实相待之时吗？对老师传授的学业有尚未认真温习的部分吗？他就是这样天天自省，让自己的长处继续发扬，不足之处及时改正，最终成为学识渊博、品德高尚的贤人。

自我反思是一种使道德不断完善的重要方法，是治愈错误的良药，它能给我们混沌的心灵带来一缕光芒。在我们迷路时，在我们掉进了罪恶的陷阱时，在我们的灵魂遭到扭曲时，在我们自以为是，沾沾自喜时，自省就像一道清泉，将思想里的浅薄、浮躁、消沉、阴险、自满、狂傲等污垢荡涤干净，重现清新、昂扬、雄浑和高雅的旋律，让生命重放异彩，生气勃勃。

自我反思的主要目的是找出过失及时纠正，所以反思绝不可以陶醉于曾获得过的成绩，更不可以文过饰非。"静坐常思己过"，以安静的心境自查自省，才能克服意气用事的干扰，发现自己的本来面目，捕捉到平时自以为是的过失。

只有善于发现并且勇于承认自己的过失，才能进一步纠正过失。我们常常看不到自己的短处，很多缺点都是通过旁人的指出才知道的，这就要求我们用一颗平常心来对待别人善意的规劝和指责，反省自己的过失。俗话说"忠言逆耳利于行。"那些逆耳忠言，常常能发掘我们不易察觉的另一面。

阿光是位应届大学生，他学的是英文，自认为无论听、说、读、写，对他来说都只是雕虫小技。

他对自己的英文能力相当自信，因此寄了很多英文履历到一些外资公司去应征，他认为英文人才是就业市场中的绩优股，肯定人人抢着要。

然而，一个星期接着一个星期过去了，阿光投递出去的应征信函却杳无音讯，犹如石沉大海一般。阿光的心情开始忐忑不安，此时，他却收到了其中一家公司的来信，信里刻薄地提道："我们公司并不缺人，就算职位有缺，也不会雇用你。虽然你认为自己的英文程度不错，但是从你写的履历来看，你的英文写作能力很差，大概只有高中生的程度，连一些常用的文法也错误百出。"

阿光看了这封信后，气得火冒三丈，好歹也是个大学毕业生，怎么可以任人将自己批评得一文不值。阿光越想越气，于是提起笔来，打算写一封回信，把对方痛骂一番，以消除自己的怨气。

然而，当阿光下笔之际，却忽然想到，别人不可能会无缘无故写信批评他，也许自己真的太自以为是了，犯了一些错误是自己没有察觉的。

因此，阿光的怒气渐渐平息。自我反省了一番，并且写了一张谢卡给这家公司，谢谢他们举出了自己的不足之处，用字遣词诚恳真挚，把自己的感激之情表露无遗。

几天后，阿光再次收到这家公司寄来的信函，他被这家公司录取了！

自我反思是一次自我解剖的痛苦过程，它就像一个人拿起刀亲手割掉自己身上的毒瘤，这需要巨大的勇气。认识到自己的错误或许不难，但要用一颗坦诚的心灵去面对它，却不是一件容易的事。懂得反思，是大智；敢于反思，则是大勇。割毒瘤可能会有难忍的疼痛，也会留下疤痕，但它却是根除病毒的唯一方法。只要"坦荡胸怀对日月"，心地光明磊落，反思的勇气就会倍增。古人云："君子之过也，如日月之食焉。过也，人皆见之；更也，人皆仰之。"这句话的意思是：日食过后，太阳更加灿烂辉煌；月食复明，月亮更加皎洁明媚。君子的过错就像日食和月食，人人都看得见，但是改过之后，会得到人们更崇高的尊敬。

如果我们能自我反思，不仅是了解自己做了什么，最重要的是通过它了解自己真正的意图；柏拉图说，反思是做人的责任，没有反思能力的人不配做人。人只有通过自我反思才能实现道德与美德。

男性朋友要趁早培养自我反思的习惯，它能修正自己做人做事的方法，给自己指引明确的方向。

坚持原则，做人做事要对得起自己

"力求成为自我，在任何时候都忠于自我，力求达到内心的和谐。"这是俄国文豪高尔基对年轻人的期望。

不能坚持自己原则的男人，就好像墙上的无根草，随风飘摆不定，找不到自己的方向。这样的男人，是得不到别人信任的，更谈不上成功。如果你自己都不确定想要什么，不要什么，别人又怎么给你呢？

不要为了谋取小功小利而不择手段，甚至放弃自己的最后一项原则。一旦原则丧失，未来就只能任凭别人的摆布与欺骗。

一个女孩走进了面试的房间，主考官认真地打量着她，说"如果是为了公司的利益，让你作出一定的牺牲，或者让你去别的公司里探听消息，你会为了公司而尽力去做吗？"女孩觉得很意外，这个问题竟然不是关于专业知识的，他甚至没有问问自己的名字。女孩又回想了一下刚才在门外见到的那些竞争者，他们都很优秀，有些人还摆出了志在必得的架势。难道，主考官只看了一眼，就已经准备淘汰我了吗？牺牲，什么叫有限度的牺牲？女孩在心里默默思考。探听消息，这可是违反商业信用的，即使是为了公司的利益，也不能这么做。女孩拿定主意，坚定地说："不，我有我的原则，到任何时候都不能打破。"主考官的脸上忽然现出了欣慰的表情："在今天上午的面试者中，你还是第一个说'不'的人。恭喜你，我们已经决定录用你了。"

日本著名的企业家吉田忠雄在回顾自己的创业成功经验时说，为人处世首先要讲究原则，这样才会赢得别人的信任。离开这一点，一切都成了无根之花、无本之木。

吉田忠雄在创业初期，他曾经做过一家小电器商行的推销员。开始的时候，他做得并不顺利，很长一段时间业务都没有起色，但他没有灰心，而是坚持做下去。有一次，他推销出去了一种剃须刀，并且半个月内同20多个顾客做成了生意。但是后来突然发现，他所推销的剃须刀比别家店里的同类型产品价格高，这使他深感不安。经过深思熟虑，他决定向这20家客户说明情况，并主动要求向各家客户退还货款上的差额。他的这种做法深深地感动了顾客，他们不但没有收货款的差额，反而主动要求向吉田忠雄订货，并在原有基础上增添了许多新品种。这使吉田忠雄的业务数额急剧上升，很快得到公司的奖励，这给他以后自己创办公司打下了良好的基础。

男人的成功离不开交往，交往离不开原则。只有坚持原则的男人，才能赢得良好的声誉，他人也愿意与你建立长期稳定的交往。坚持原则还使人们拥有了正直和正义的力量。这使你有能力去坚持你认为是正确的东西，在需要的时候义无反顾，并能公开反对你确认是错误的东西。

一位护士刚从学校毕业，在一家医院做实习生，实习期为一个月。在这一个月内，如果能让对方满意，她就可以正式获得这份工作；否则，就得离开。

一天，交通部门送来了一位因遭遇车祸而生命垂危的人，实习护士被安排做外科手术专家——该院院长亨利教授的助手。复杂艰苦的手术从清晨进行到黄昏，眼看患者的伤口即将缝合，这位实习护士突然严肃地盯着院长说："亨利教授，我们用的是 12 块纱布，可你只取出了 11 块。""我已经全部取出来了，一切顺利，立即缝合。"院长头也不抬，不屑一顾地回答。"不，不行。"这位实习护士高声抗议道："我记得清清楚楚，手术中，我们只用了 11 块纱布。"院长没有理睬她，命令道："听我的，准备缝合。"这位实习护士毫不示弱，她几乎大叫起来："你是医生，你不能这样。"直到这时，院长冷漠的脸上才露出欣慰的笑容。他举起左手里握的第 12 块纱布，向所有的人宣布："她是我最合格的助手。"

他在考验她是否坚持自己的原则，而她具备了这一点。这位护士后来理所当然地获得了这份工作。没有任何人能勉强你服从自己的良知，然而，不管怎样，一位坚持原则的男人是会做到这些的。

坚持原则还会给一个男人带来许多：友谊、信任、钦佩和尊重。人类之所以充满希望，其原因之一就在于人们似乎对原则具有一种近于本能的识别能力，而且不可抗拒地被它所吸引。

怎样才能做一个坚持原则的男人呢？答案有很多个，其中重要的一个是：要锻炼自己在小事上做到完全诚实。当你不便于讲真话的时候，不要编造小小的谎言，不要在意那些不真实的流言蜚语，不要把个人的电话费用记入办公室的账上，等等。这些听起来可能是微不足道的，但是当你真正在寻求并且开始发现它的时候，它本身所具有的力量就会令你折服。最终，你会明白，几乎任何一件有价值的事，都包含着它自身不容违背的内涵，这些将使你成功做人，并以自己坚持原则为骄傲。

做人最重要的是什么？一位社会学家说得好：做人最重要的是要对得起自己的良心。

翻开人类的历史，良心对人，平心对事。为人处世，最好是权衡轻重，以求"公平"二字，则人们没有不服从的。不能以公为私，以私害公，这两点应该铭记在心。

保持男儿本色，坚守原则，不忘我们做人之根本，是我们在这个世上立足立身之根本. 不忘做人之本，才能立得长久。

要做到事前不怕，事后不悔

有位智者说过，人生在世，中年以前不要怕，中年以后不要悔。在男人看来，这种说法是通用的。做一个敢做敢为的男子汉吧！

是的，男子汉面临各种艰难的挑战，"不害怕"是心灵的起点，是为自己设下的最坚韧的防线，不害怕碰壁、不害怕失败、不害怕孤独、不害怕被人误解。在现实生活中，也许会碰得头破血流，或拼得体无完肤，但我不害怕，我还要闯！如此坚毅的男人有什么理由会失败呢？

是的，世界上没有卖后悔药的，不论错得多深，都是我们自己的决定与行动导致的结果，我们可以悲痛欲绝，但是在情绪宣泄完毕之后，必须继续前行。跌倒了爬起来依旧是好汉，跌倒了再也爬不起来只能成为他人的笑料。"吃一堑，长一智。"有失败的教训为垫脚的阶梯，你会攀登得更高。男子汉就要这样敢做敢当，错了，对了，什么样的结果都要勇敢地承担！

男人必须培养魄力，敢做敢当就是有魄力。没有魄力很难有所成就，即使爬到了高层，也会被看做是一个平庸的人，不会得到众人的拥护，这实在是悲惨的人生。在需要你把握全局、承担责任的时候，每一步该怎么走，还是你说了算，就如下棋，你是九段就是九段的水平，你是五段要下出六段的水平就勉为其难。如果这时你没有承担的勇气，获得的将是众人的鄙夷与心底的嘲笑。若一辈子这样度过，实在是了无生趣！

有一位年轻人想到外面闯荡世界，去做一番轰轰烈烈的大事业。临走的时候，他去拜访村中有"哲人"之称的老者。当这个年轻人说明他的想法后，哲人告诉他：

"孩子，我衷心地支持并祝福你，我给你的忠告只有6个字，先告诉你3个，那就是'不害怕'，后三个字等你干出些名堂后再告诉你。"

年轻人带着哲人的忠告上路了。

10年后，年轻人成为著名的企业家，他又回来想听听哲人后3个字的忠告。但是，哲人已经去世了。

哲人的后人交给他一张纸条，纸条上写着："不后悔"。

男人一生也许要面临很多的抉择，当初的选择是对是错，在当时我们无法评判，也许到若干年后都难判断。有时候我们会为一个人或者一件事情而遗憾终身；有时候我们会为了某个目标而等待一生。其实大可不必，勇敢地走出去、勇敢地做事情、勇敢地想问题，关键是勇敢地做自己，这样就能做到人生无怨无悔。

所以，作为男子汉要勇于承担责任。无论结果如何，是你的就别推托，那么，你的朋友与亲人将为你感到骄傲。

努力赚钱也要把握好度

也许一个男人年少时会把钱看得很淡，但人到中年后，上有老，下有小，肩上的责任日复一日地加重，这时钱的重要性就会越来越明显，努力赚钱是无可厚非的，但要把握一个度，如果超出了个人的需要，那么钱就是一串数字、一堆废纸而已。

人的欲望是一种本能，不是罪恶。每个人都会有欲望，只不过每个人的欲望都不一样，有些人希望"五子登科"，有些人希望拥有美眷巨宅，有些人希望名与权皆备。过多的欲望，会使有血有肉的人变成机器。少欲的人，才能得闲，无事当看韵书，有酒当邀韵友。这才叫作"无欲则刚"。

老实说，钱可以买到"婚姻"，但买不到"爱情"；钱可以买到"药物"，但买不到"健康"；钱可以买到"美食"，但买不到"食欲"；钱可以买到"床位"，但买不到"睡眠"；钱可以买到"珠宝"，但买不到"美丽"；钱可以买到"娱乐"，但买不到"愉快"；钱可以买到"书籍"，但买不到"智慧"；钱可以买到"谄媚"，但买不到"尊敬"；钱可以买到"伙伴"，但买不到"朋友"；钱可以买到"权势"，但买不到"威望"；钱可以买到"服从"，但买不到"忠诚"；钱可以买到"躯壳"，但买不到"灵魂"；钱可以买到"帮凶"，但买不到"知己"；钱可以买到"劳力"，但买不到"奉献"；钱可以买到

"财富"，但买不到"幸福"……

钱是生活之必需，又是万恶之根源，就看你如何驾驭！

一般情况下，人们只跟自己的同事团体来往，这个团体才是他们衡量自身成败的参考指标。例如，在一些国家，年收入在 2 万美元到 3 万美元间的阶层，有他们自己的社交圈子。在这个圈子里，一年赚 2.96 万的就堪称高收入，2 万元的则是低收入。一年赚 2.96 万的人如果要采用一年赚 10 万元钱的人的标准，结果一定是有失落感，而非满足感萦绕。如果人人都和洛克菲勒或唐纳·川普比较，我们的社会一定比现在更动荡不安，许多人也会终生不满，始终生活在痛苦的深渊里。

人一生要拥有多少钱才够用？也许你没有算过，但可以告诉你，只要不是太奢侈，大多数人所赚的，往往多过于自己的需求。

奢侈，可以说是有钱的现代人的最大迷障。

哲学家说，钱有 4 种意义：钱是钱，钱是纸，钱是数字，钱是冥纸，但一般人都多赋予了它另一个意义：钱是万能的。

钱能取来花用，算钱。

赚了钱，但换成数量庞大的房子、车子、土地，守着不能用，叫纸。

把钱全存进银行，以数字的变化为荣，钱是数字。

钱赚得太多了，身体撑不住了，钱会是冥纸，烧给自己用。

很多年前，有一个商人为了显示自己的奢侈，用大把百元的大票粘贴成巨大的喜字；后来便有了一群商人为了满足自己的奢侈之心，开起了什么人体的盛宴；再后来，有了以金箔作为一道菜的黄金宴；有了 20 万元之天价的年夜饭，这些都是人的奢侈之心在作祟。

这能说明什么呢？我们很难想象它带给人们的是怎样复杂的联想。要知道，在一个文明社会里，社会越进步，人们就越提倡简朴，即使是在最发达的资本主义国家美国，人们仍然以穿着随意作为日常生活的时尚，拥有数百亿美元身价的比尔·盖茨，也会为节省几美元的停车费而宁愿将车多开出一站地。

钱非万能，但没钱万万不能，所以该学会：当用则用，当省要省。

如果你检查一下屋里的后阳台，就会明白自己的奢侈指数，满满一箩筐未曾用过的东西，用了一次便准备扔掉的器皿，旧衣回收的全是新衣，还有亲友送来的礼品，这些全是物欲横流的体现。

一顿便餐花了数百元，一件衣裳花了上千元，一双鞋八九百……这样的数字令人惊心。

我们忘了人生是矛盾体，想奢侈就必须多赚钱，努力工作一定没时间，太过操劳，身体一定不好。

生活果真两难呀，如何两全其美，可是学问。

对财富的追求要有一定限度，一个人即使有 1000 处房产，也只能睡在一张床上。所以说，男人们，不要让钱迷住你的心，金钱够用就好，把精力全部投注于追求财富上只会伤身而已，别无益处。

非分之福会成为重负

社会上很多男人都以能坐享"非分"之福而得意洋洋："家里红旗不倒，外面彩旗飘飘"；"家里有个爱人，外面有个情人"，这才是上等男人的生活。事实上，这种"上等男人"的日子并不好过：既担心"前院"爆炸，又害怕"后院"失火。同时，又得背负对情人的责任和对妻子的愧疚，日子过得提心吊胆，一旦事情闹大，穿了帮，不是家庭破裂，就是名誉扫地。

刘某在一家会计师事务所任职，衣着贵气、风度翩翩。别人看他时，眼里总是透着羡慕！事业上一帆风顺，家中还有一位如花美眷，人生至此，夫复何求？其实，别看刘某表面风光，他也有一肚子的苦水：妻子比刘某小 5 岁，年轻漂亮，大学毕业后就嫁给了他，现在家中做全职太太。妻子没什么不好，但总是把生活重心放在他身上，这让刘某有种被动压抑的感觉。但最近刘某又添了一个烦恼，那就是他的情人佳佳。佳佳是事务所的一名实习生，活泼美丽，尽管知道刘某已经有了妻子、孩子，还是不顾一切地甘心当他的情人。最初的一段日子，刘某过得很甜蜜，但慢慢地麻烦就来了：妻子责怪刘某不回家，佳佳抱怨刘某不陪她；今天妻子要刘某陪她逛街！明天佳佳又要求去吃烛光晚餐……刘某经常是左支右绌，里外不是人！渐渐地，刘某觉得自己过得太累了，对着妻子作贼心虚，既觉得有愧，又害怕被拆穿；和佳佳在一起时，总得小心翼翼地讨好她，没有片刻轻松，何苦呢？刘某真不知道该怎么办了！

男人刚开始婚外恋时，会觉得一切都显得新鲜刺激，会感到整个人都年轻了十岁似的，好像又重温了过去恋爱的种种：期待电话的心情，怦然心跳的感觉，或是兴奋地想要引吭高歌，或是一股暖流涌过心头。整个人好像活在梦幻中，轻飘飘的。

但很快他就会发现自己如今除了要向妻子尽义务外，也要向情人尽义务。他必须同时满足两个人对他的欲望，因此，他在两个人之间疲于奔命，没有一点儿属于自己的时间。刚开始原以为自己找到了一处没有责任、可以自由休憩的"世外桃源"，没想到如今这块乐土也变成有义务、要负责任的负担。

因此，当初是抱着要找一处可以不必负责任的爱情，作为暂时栖身之所的动机的男士，到了这个时候开始打退堂鼓了。

刘某决定和佳佳分手，但事情远没有他想象的那么简单——佳佳坚决不肯分手，反而要求刘某和妻子离婚。这可把刘某吓坏了，他怎么能抛妻弃子呢？佳佳干脆告诉他，如果他再提分手，自己就去找他的妻子，把事情捅破。这回刘某可明白什么叫做作茧自缚了，可是这时后悔已经太晚了。3个月后，妻子发现了这件事，她愤怒地找到事务所大闹了一场。"狐狸精"佳佳被解雇，刘某在公司颜面扫地，也只得辞职了。佳佳在跟他要了一笔钱后去了上海，而妻子虽然为了孩子并未与他离婚，但却总是对他冷冰冰的，甜蜜的气氛很难再找回来了。

男人家庭观念很强，却偏又忍不住外界的诱惑，吃着碗里的，看着锅里的，总幻想着"贤妻美妾"的生活。这种想法其实很可笑，前两年那部反映中年人情感的电影《一声叹息》中的那位可怜的丈夫，就是一些男人的真实写照。

还有一种情况也是导致婚姻破裂的最主要原因。实际上，对许多男人来说，他们发生外遇，只不过是因为一时心血来潮，这跟他们对妻子的感情毫无关系。路边的一朵"野花"正迎风摇曳，他们顺手就"采"了下来，如此而已。他们从没想过要把"野花"栽入盆中，细心培植，野花哪有家花香，他们要的是"野花"一时的鲜艳和美丽。因此当事情败露、妻子决绝地远去时，外遇男人既痛且悔：为了一时的快活而赔上一个幸福的家庭，实在是得不偿失。

陈某的婚姻一直平稳幸福，妻子知书达礼，温柔体贴，婚后夫妻俩恩爱有加。但后来，陈某却和一个 20 几岁的年轻姑娘有了一段婚外恋。陈某并非"花心"，只不过中年时忽感年华逝去，来日无多，于是不自觉地放任了一下……事情暴露后，他百般努力，坚决不想离婚，但他的妻子却坚决不能容忍！这令陈某后悔不迭，他万万没有想到，几夜风流竟然惹下如此巨祸，活生生地拆散了他好端端的家！

离婚之后，陈某没有再婚，独身了很多年。他生活也没有规律了，暴饮暴食，以至于几年后，他再次遇到前妻时，不得不遗憾地告诉她：他的身体已经很不好了，动脉也早硬化了……

在这个例子中，丈夫其实还是很爱妻子的，至少他不想失去家庭，婚外情对他而言只不过是"几夜风流"，是为了证明自己魅力依旧的一时心血来潮。特别是那些工作勤奋的男人，总觉得自己错过了人生中最好的年华。仿佛从来没有享受过生命的乐趣，而他们真正热爱的正是这些——及时行乐。于是，看到年轻的女孩子，他们就会想重新来过，求得一段露水姻缘，弥补一下自己的缺憾。

赵明，私营企业老板，已离异一年。赵明原来在一个机关单位上班，后来在妻子的支持下辞职下海，自己当起了老板。在开始的几年，赵明还很能把持得住自己，尽量减少应酬，有空就陪孩子老婆，可是后来赵明结识了一个 30 多岁的单身女人，那女人既精明又独立，是个不婚主义者，和妻子是完全不同的两个类型。一次，两人一同去杭州开会，也许是因为旅途寂寞，两人发生了不该发生的事。赵明并未在那个女人身上投注什么感情，他觉得这只不过是男欢女爱各取所需而已。世上没有不透风的墙，敏感的妻子很快就发现了他的不忠。那天他一回家，妻子就把一叠照片摔在他的脸上，冷冷地问了句："家花没有野花香是吗？别着急呀！我现在就给你的'野花'让位！"赵明整个人都呆了，他没有想到妻子竟然会发现这件事，更没想到妻子要为此而离婚，他赌咒发誓、百般哀求，但倔强的妻子还是带着孩子离开了他。

这一年来，赵明过得很不好受：他虽然住着宽敞的楼房，但却冰冷得像旅馆；他身边有很多女人，但却没人会像前妻那样叮嘱他"开车小心"；没有人会像妻子那样做好可口的家常菜，等着他一同分享！真是一失足成千古恨啊！

生活中，很多男人也和赵明一样，他们的外遇没任何目的，只不过是因为一时放纵，虽然心里也觉得对妻子有所歉疚，但却不会自责过深。从某种角度讲，这种男人其实是很天真的，他们认为自己对妻子是爱，对情人是性，因此并没有真正对不起妻子，问题不会太严重。而在女人看来身体的不忠就是背叛，没有任何可以原谅的余地。男人的说法只是一种借口。

所以，如果你不想和妻子离婚的话，就最好别去碰婚外情，这是一颗定时炸弹，说不定什么时候就会"炸"得你妻离子散。

很多男人结婚后开始有婚外情，可又不想因此失去好丈夫、好父亲的名誉。但实际上，一旦他们迈出这一步，未来的局势就不是他们能控制的了。即使侥幸能回到妻子的身边，也得永远背负违背家庭道德的罪名。为了一段偷偷摸摸的欢愉，闹成这样实在不值！

第八章
男人的品位是大智若愚的境界

男人的品位是大智若愚的一种表现。大智若愚是难得糊涂，糊涂是一种智慧，也是一种境界。糊涂人不大计较别人的态度，不会徘徊于一得一失之间。糊涂人似乎有选择性的"遗忘症"，他会很快忘记那些令人不快的人和事。所以，在他的周围似乎总是风轻云淡，少了诸多是非。糊涂一点儿，成了现代男人享受生活的新途径。

真正的精明者注注大智若愚

真正的精明人往往大智若愚，善于藏拙，返璞归真，他们有时会像儿童一样进行思考。儿童一般都天真烂漫，他们不知道什么可以做和什么不可以做，所以会问一些幼稚的问题，向往一些不可能的事情。成人就不同了，他们知道什么可能和不可能，所以不问愚蠢的问题，不向往不可能的事情。对孩子充满好奇心的问题，他们草草一句"事情就是那样"，就把他们打发了。其实，事情未必是"那样"。

其实，成人同样能够去问：为什么看不到给你打电话的人？为什么人造革赶不上动物皮革轻柔、耐用和有弹性？为什么不干脆把人体缺损或致病的基因换掉？这类"愚蠢"的问题，正是打开新的竞争空间的钥匙。

瑞士工程师尼古拉·海克就问过这样一个愚蠢的问题：瑞士既然有世界上成本最高的钟表生产基地，制表商为什么不能从精工和西铁城这样的日本对手手中重新夺回瑞士"低档"钟表的市场呢？

20 世纪 80 年代初，瑞士实际上已完全退出低档表市场。中档表占 3%，豪华表则占 97%。

1935 年，尼古拉·海克购买了瑞士微电子设备与制表公司的控股权，成立了帅奇公司。该公司是两年前在海克的建议下，由瑞士最大的两家制表商合并而成的，当时这两家公司均处于破产边缘。这个观念的产生，不是经过精心的财务分析，而是来自于重振瑞士钟表业的雄心壮志。这一目标对任何一位瑞士公民或亲欧者显然都具有感情吸引力。

既然以此为目标，它所生产的低价表，就一定要有亚洲竞争对手不易模仿的特色，即一种体现欧洲人品位和智慧的东西。起初，银行都不愿借钱给这一企业，因为他们认为，在高成本环境中运行的瑞士公司，不可能抗争得过低成本的日本竞争对手。

然而尼古拉·海克却有一个梦想："无论哪里的孩子都相信梦想。他们问着同样的问题：为什么？为什么有的事情是某种样子的？为什么我们要以某种方式行事？我们每天也在问自己这些问题。"

人们可能会笑瑞士一家巨型公司的总裁竟会讲天方夜谭，可是那却是精明人常常获得杰出成就的真正奥秘之所在。

海克的愚蠢问题是"我们为什么不能与日本人竞争"？这需要一个聪明的回答。要想生产出一种式样时新、平均售价为 40 美元的表，就需要在设计、制造和销售方面进行彻底革新。

帅奇公司极富创新精神的制造过程，将劳动成本削减到制造成本的 10% 以下，只及零售价格的 1%。海克自豪地说，即使日本工人把他们的工时白白奉献了，帅奇照样能赚取可观的利润。孟得斯鸠曾说过："大智若愚才能成功。"如果本来就笨的人什么事都不做，根本就无法成功；聪明人抱着坚定的信念，可以学到专业知识，再加上努力，便会成功；太过精明的人，往往处处想找窍门，时时想走捷径，结果往往因基础不牢、努力不够而难以成功。

日本的寺田寅彦曾引用一位老科学家的话讲过如下一番道理：

人们常说："要成为一名科学家，脑袋必须要聪明。"在某种意义上讲，的确是这样的；另一方面，"科学家的脑袋还必须笨"，在某种意义上讲，这也是对的。乍一看，这是两个截然相反的命题，实际上，它表现出这样一个事实：静的既对立又统一的两个不同的侧面，为了不失去逻辑链条上的任何一个环节，为了在一片混乱中不至于颠倒部分和整体的关系，这是需要有正确而又缜密的头脑的。

处在众说纷纭、各种可能性交织的岔路口时，为了不把应该选择的道路弄错，必须具有洞察未来的能力。在这个意义上讲，科学家的脑袋确实要聪明。可是，要想从平常被人认为是极普通明了的事物中，从那些就连平常所说的脑袋笨的人也容易明白的日常小事中，找出它的不可思议的疑点，问个为什么，并极力要阐明其原委，这对科学教育者自不待言，就是对于从事科学研究的人来说，也是特别重要的，缺之不可的。

难得糊涂是人生佳境

现代人生活得越来越富裕，营养也越来越丰富，接触的信息更是五花八门，自认为智商也越来越高。无论是职场、官场还是生意场，人们都在经营、算计，谁也不糊涂，更不愿意糊涂，也不想被人认为糊涂。老话说"吃亏就是福"，早已被人抛之脑后，遗忘在角落里。

谁肯吃亏？谁肯糊涂？精明、强悍被当做生存的第一法则。

"难得糊涂" 4个字曾被写在扇面上、刻在镇纸上、塑在陶瓷、器物上、画在龙飞凤舞的匾额上，成为一种带有深刻含义的礼物辗转于人们的案头，但 "糊涂" 二字的真意却很少有人懂得，也没有多少人愿意去一探究竟了。

扬州八怪之一的郑板桥，在潍县做礼宾司时题过几幅著名的匾额，其中最为脍炙人口的就是 "难得糊涂" 这一块。

据说，"难得糊涂" 这4个字是郑板桥在山东莱州的云峰山写的。那一年郑板桥专程至此观郑文公碑，因盘桓至晚，不得已借宿于山间茅屋。屋主为一儒雅老翁，自号糊涂老人，出语不俗。老人室中陈列了一块方桌般大小的砚台，石质细腻，镂刻精良，让郑板桥大开眼界。老人请郑板桥题字以便刻于砚背。郑板桥便题写了 "难得糊涂" 4个字，用了 "康熙秀才雍正举人乾隆进士" 方印。

因砚台过大，尚有余地。郑板桥说老先生应写一段跋语，老人便写了 "得美石难，得顽石尤难，由美石而转入顽石更难。美于中，顽于外，藏野人之庐，不入富贵之门也。" 老人也用了一块方印，印上的字是 "院试第一，乡试第二，殿试第三"。郑板桥知道老人是一位退隐的官员，细谈之下，颇为感慨。于是郑板桥在空隙处又补写了一段："聪明难，糊涂亦难，由聪明转入糊涂更难，放一着，退一步，当下心安，非图后来福报也。" 老人见了，会意地大笑不已。

对于郑板桥题下的 "难得糊涂" 四字，后人多有揣摩，猜测这是郑板桥的无奈自谑，是他的自我安慰，还是对腐败的清廷官场的妥协，凭借各自的体验与感悟，人们的揣测都各有道理。

但是，在纷繁复杂的社会形态面前，有些人往往觉得对生活很失望，认为生活充满阴郁和灰色，有的人同流合污、蝇营狗苟，有的人锱铢必较、愤世嫉俗，也有的人豁达大度、淡泊随缘。哪一种人的生活才快乐？无须过分追究就可知道，"难得糊涂"的人的生活才更轻松自在，因为他们拿得起放得下，他们已步入大智慧的境界。

例如，在诸多开国将帅中，叶剑英元帅便堪称是"难得糊涂"的典范、立身处世的楷模。他学识渊博、满腹经纶、文武兼备、才华横溢，但他又大智若愚、虚怀若谷。在漫长的、充满艰难的革命道路上，在形势复杂的重大历史转折关头，他总是从容自若、机智果敢、屡树殊勋。叶元帅平常以淡泊为怀，以"打杂"者自居，从不汲汲于名利权位。"矢志共产宏图业，为花欣作落泥红。"这是他奋斗一生的最高信条，也是他为自己做的最后总结。而"诸葛一生唯谨慎，吕端大事不糊涂"，毛泽东生前送给他的这两句话可谓是对他的最真实的评价。

所谓"难得糊涂"是指在大事、原则问题上要非常明白；而在小事、非原则问题上应尽量糊涂一些，不要斤斤计较，这才是人生的佳境。

糊涂有时是一种善行

许多人都常说这样的话："现在的人真是自私啊！"然而，因为别人的"自私"，自己也就不得不"自私"，每个人都吝于向别人付出，也都拒绝别人的索取。别人接近的时候，会睁大眼睛，随时准备应战。

如果碰到一个不"自私"的人，人们又会轻视他，觉得这个人糊里糊涂、做事没原则，是个傻瓜。

1848 年，在美国南部一个安静的小镇上，刺耳的枪声划破午后的沉寂，刚入警局不久的年轻助手杰克，随警长匆匆出动。

杰克发现一位年轻人倒在卧室地板上，身下一滩血迹，右手已无力地松开，手枪滚落在地，身边的遗书笔迹纷乱。镇上的人都知道这个年轻人最爱的女子在昨天与另一个男人走进了教堂。

死者的 6 位亲人都呆呆伫立着，杰克禁不住向他们投去同情的一瞥。他知道，他们的哀伤与绝望，不仅因为一个生命的殒灭，还因为对基督徒来说，自杀便是在上帝面前犯了罪，他的灵魂从此将在地狱里饱受烈焰的焚烧。而思想保守的小镇居民则会视他们全家为异教徒，从此便不会有好人家的男孩子约会他们的女儿们，也不会有良家女子肯接受他们的儿子们的戒指和玫瑰。

这时，一直沉默着、锁紧双眉的警长突然开了口："不！这是谋杀。"他弯下腰，在死者身上探摸许久，忽然转过头来，用威严的语调问："你们有谁看见他的银挂表了吗？"

那块银挂表，镇上的每个人都认得，是那个女子送给年轻人的唯一信物，每个人都记得他是如何每 5 分钟便拿出来看一次时间的。在阳光下挂表闪闪发光，仿佛是一颗银色的、温柔的心。

所有的人都慌乱地说没有看到。

警长严肃地站起身说："如果你们都没看到，那就一定是凶手拿走了，这是典型的谋财害命。"

死者的亲人们于是嚎啕大哭起来，仿佛那压在脊背上的沉重包袱从他们身上取下了，而邻居们也开始上门表达他们的慰问与吊唁。警长充满信心地宣布："只要找到银表就可以找到凶手了。"

离开那户人家，外面阳光如蜜汁，风像薄荷酒，大草原上滚动的长草像燃烧着的绿色波浪。杰克对警长的明察秋毫钦佩到了无以复加的程度，他问："我们该从哪里开始找起呢？"

警长的嘴角多了一抹笑意，慢慢地从口袋里掏出了一块表。

杰克忍不住叫出声来："难道是……"

警长看着周围广阔的草原，微笑着点头："幸好任何人都知道，要在大草原上寻找一个凶手和寻找一株毒草是一样困难的。"

"他明明是自杀，你为什么硬要说是谋杀呢？你让他的家人更加难过了。"

"但是他们不用担心他灵魂的去向，而他们在哭过之后，还可以像任何一个好的基督徒一样清清白白地生活。"

"可是说谎也是违背原则的呀！"

警长锐利的眼睛盯牢他："年轻人，请相信我，6 个人的一生，比你信奉的原则更重要，而一句因为仁爱而说的谎话，连上帝都会装着没有听见。"

那是杰克遇到的第一桩案子，也是他一生中最重要的一课。从此他明白，有时候，"糊涂"可以拯救别人的生活，那是连上帝都默许的善行。

没有人会谴责这样的善良，此时连上帝都会装糊涂。如果警长不"糊涂"，他秉持原则认真办案，那么只能宣布可怜的年轻人是自杀的，而那 6 名家人的一生将从此改写。当然，警长不会为此担负什么责任，因为他尽忠职守，只是做了自己该做的事，甚至按照一些人的"精明"理论，警长也无须去同情那 6 个人，因为害了他们的是那个在痛苦中选择自杀的年轻人。

时至今日，善良和糊涂一样被人挂在嘴边却又抛诸脑后，东郭先生的故事被人记得最深刻，善良变成了邻居窗户上的贴纸，只是看着好看。有时候，似乎只有征服才能步入文明，至于在征服中被践踏的一切，通常人们都选择以漠视来对待。

因为可以"明察秋毫"，糊涂亦无所遁形，但是良知也正离人渐行渐远。

人心如罗网，作茧必自缚

人常常会因为他人的评论而苦恼，其实，每个人都有自己的生活，别人的评说只是生活中的一道调味小菜而已，最好不要认真、不要在意，毕竟我们是为自己而活。

有这么一个故事：

白云守端禅师有一次和他的师父杨岐方会禅师对坐，杨岐问："听说你从前的师父茶陵郁和尚大悟时说了一首偈子，你还记得吗？"

"记得，记得。"白云答道，"那首偈是，'我有明珠一颗，久被尘牢关锁，一朝尘尽光生，照破山河星朵。'"语气中免不了有几分得意。

杨岐一听，大笑数声，什么也没说就走了。

白云怔住了，不知道师父为什么笑，心里很愁烦，整天都在思索师父的笑，却怎么也找不出他大笑的原因。

那天晚上，他辗转反侧，怎么也睡不着，第二天实在忍不住了，一清早就去问师父为什么笑。

杨岐禅师又笑了笑，对着因失眠而眼眶发黑的弟子说："原来你还比不上一个小丑，小丑不怕人笑，你却怕人笑。"白云听了，豁然开朗。

是啊，人笑自由他笑，人骂自由他骂；人家是笑还是骂，都是人家的事，与我何干？

其实，人很多时候说"不知道"可以代表谦虚，但是，对自己身上的事推说"不知道"只有两种可能：一是不负责任；二是缺乏自信。你想过什么样的生活，要靠自己作决定，这些和别人都没有什么关系；不过，若你能早点儿拿定主意，弄清楚自己想要的究竟是什么，别人才能给予你适当的配合或协助，自己也比较容易成功！

有一个小和尚非常苦恼沮丧，禅师问他何故，他回答："东街的大伯称我为大师；西巷的大婶骂我是秃驴；张家的阿哥赞我清心寡欲，四大皆空；李家的小姐却指责我色胆包天，凡心未了。究竟我算什么呢？"禅师笑而不语，指指身边的一块石头，又拿起面前的一盆花，小和尚恍然大悟。

其实，禅师的笑而不语，正是一语道破了人生的真谛。他的意思是说，石块就是石块，花朵就是花朵，自己就是自己，根本不必因为别人的说三道四而烦恼，别人说什么，就由别人去说，那只是别人的看法而已。

嘴长在别人身上，即使是古圣先贤也免不了被人指手画脚。如果因为别人的话扰乱了心境，总是生活在流言蜚语中，那你必然会忘记用心去体会生活的美好——因为对你来说，生活里只有无尽的烦恼。

享受生活，不仅需要健康的身心，还需要你的智慧与豁达，千万不要作茧自缚！

"糊涂一点儿"才是真正的聪明人

身为男人，你就应该明白这样一个道理：人太精明了不是什么好事儿，即使你是一个明白人，可能也做过几次糊涂事。

所谓糊涂，是指一个人头脑不清楚，不明事理。《宋史·吕端传》上有这么一段："或曰：'端为人糊涂。'太宗曰：'端小事糊涂，大事不糊涂。'"同样，当我们看见一个人做事不合常理，或者是有什么错误，我们总是不留情面地教训人家："你老糊涂可不成？"

而所谓难得糊涂，是说一个人一生精明过人，从不犯迷糊，这类人则最好犯几次糊涂，因为对于他来说，凡事都太过精明并不见得是好事。

从古到今，除非是那些傻子白痴之类的人，常人都能认识几个字，知道点儿人生道理，懂点儿人情世故，哪个不认为自己是属于人精那一类的人？说不上绝顶聪明，也该是聪明绝伦的，谁愿意承认自己是一个糊涂蛋呢？

就是那些表面上看着木呆呆的、半天不吭一声的人，人们都不说他们糊涂，而是说"大智若愚"、"大巧若拙"，所以在这个社会中，人人都精明得像峨眉山上的猴子，只有戏弄人的份，哪有被人戏弄的份？你很难找到一个类似于糊涂蛋的人。

精明有什么不好？处世精明些才不会吃亏，为什么大家反要提醒自己"难得糊涂"呢？

《红楼梦》中的王熙凤给了我们一个明确的答案：聪明反被聪明误。王熙凤何等的冰雪聪明，简直就是人精，恐怕这世上有很多男人都不及她。她八面玲珑、处世圆滑、外柔内刚；她表面向你微笑，心里却在给你下套子。一个看上她美色的贾瑞被她的计策整得一缕孤魂上西天；一个看上她老公的尤二姐被她的两面三刀给逼得吞金自尽；而她的"偷梁换柱调包计"李代桃僵，则送掉了颦儿脆弱的性命。

至于王熙凤的本事那可大了，整个荣宁两府在她的整治下服服帖帖，就连秦可卿出殡这样的大事，到了她手里简直是小菜一碟。她能说会道，贾府上下没有不知道她琏二奶奶的。

可王熙凤却是一个精明过头的女人，处处好强，事事争胜，哪儿都容不下她似的，因而得罪了大太太、得罪了众人，加之贾母撒手人寰，她的靠山没了，终于落到"叫天天不应，叫地地不灵"的地步，最后惨淡收场。

这样一个精明能干的女人最终结局如此悲惨，全在于她没读过多少书，毕竟没有看透官场上的处世哲学——难得糊涂。她被她的聪明给害了。

一个人只有在处世中学会难得糊涂，他才能有个好人缘。那么，怎样才能做到难得糊涂呢？以下的注意事项可供参考：

1. 避免矛盾和纷争

对于生活中的许多小事，如果我们采取糊涂的态度，睁一只眼闭一只眼，很容易小事化了；而如果你一点儿都不糊涂，一是一，二是二，矛盾、纷争，甚至流血牺牲都有可能发生。

一对夫妻为争电视频道，如果一个糊涂一下，让着对方，对方看什么就跟着看，电视嘛，哪个频道都有值得看的节目，大家就会继续看电视，而不是两个人对打起来。如果丈夫恼羞成怒，用酒瓶砸向妻子的头，导致妻子伤重不治，丈夫将是不堪。

生活中有很多精明的人总是喜欢揪别人的小辫子，挑别人的缺点，以为这样做显示自己比他人高明，实际上这种语言、行为上的丝毫不糊涂却是造成两个人关系疏远、分道扬镳，甚至成为仇敌的根本原因。

2. 可以使自己心态平和

与人交往、处世的关键要使心情愉快，而心态平和是心情愉悦的前提，难得糊涂就可以使一个人心态平和。

如果你是一个伶牙俐齿、眼尖手快的人，你必然会发现一些别人注意不到的东西，如果你一笑置之，不加追究，不久你就会忘掉这些东西；而一旦你觉得自己无法不指出来，非要给他人一个昭示，既弄得他人满心不快活，也使你自己的心也难以平静下来。

两个和尚来到河边，一个年轻姑娘正犹豫着如何过河，看到和尚们来了便求和尚帮助。

大和尚念了一声"善哉"，便抱着姑娘过了河，姑娘千恩万谢地走了。

两个和尚又走了相当长一段路程，小和尚突然问："出家人不近女色，师兄你犯戒了。"大和尚哈哈大笑道："我早就放下了，怎么你还抱着不放?"小和尚听后脸红耳赤。

很多人在处世时就像这个不懂真谛的小和尚,总使自己的心态处于不平和之中。

3. 让自己身心放轻松

人常说:"予人方便,予己方便。"难得糊涂就是给人以方便,别人就会对你也难得糊涂。两个过于精明的人就像两只正在酣斗的公鸡一样,非要分出个你胜我败来,这于健康的身心是没有什么益处的。

如果你是一个处处不糊涂的人,总是圆睁双眼、高度戒备地生活,那你活起来就会觉得很累。你应该像一个大智若愚的人那样难得糊涂一下!

(1) 一个人要做到难得糊涂,就应具备宽容的美德。有了宽容心,你完全可以对那些鸡毛蒜皮之类的小事付之一笑,你完全可以对并不重要的事糊涂一下,你完全可以对无关紧要的事网开一面。

如果你这样做了,你会处于一个快乐的心境之中,正如人们常说的,"原谅使人快活"。

(2) 要像宋代的吕端一样"小事糊涂,大事不糊涂"。要分清什么是大事,什么是小事。如果你是一个检察官,对于贪污腐败、行贿受贿之类的事绝不能糊涂;而对同事的把你一盒烟拿了、不小心碰了你一下这种小事,你完全可以糊涂一下。

(3) 不要成为一个过于精明的人。过于精明的人常好为人师、指手画脚、求全责备、对人苛刻,眼睛里容不得半点儿不合他意之处。这种精明人为了显示其精明处,常常是横挑鼻子竖挑眼,从来都不会难得糊涂一下,这种人在现实中属于遭人厌的那一类。就像王熙凤一样,表面上大家都对你唯唯诺诺,可在暗地里,恐怕人人都在怨恨你自以为是的样子。

当然，你必须遵循小事糊涂、大事不糊涂的原则，只有这样，在社会上你才会少碰到很多阻力，生活得才会更洒脱。

做人不妨"糊涂"一点儿

社会上有些男人，一个比一个精明，一个比一个爱较真儿，生怕什么地方犯糊涂吃了亏。

《圣经》里有这样一句话："你自己眼中有梁木，怎能对你弟兄说：容我去掉你眼中的刺儿呢！"先去掉自己眼中的梁木，然后才能看得清楚，才能去掉你弟兄眼中的刺儿。一些男性之所以不幸，就是因为他们太过认真，也太过敏感了，对待生活有时几近一种病态的苛求。而这种苛求在很多时候又是不讲理或不正确的，就像有一则故事里所讲的那样：

有一个又懒又喜欢议论别人的妇人，一天，她看见邻居晒在阳台的白被单上沾满了许多黑点，便嘲笑说："我看这家女主人连衣服也洗不干净，不会理家，只会吃饭。"哪知当她推开自己的窗户一看，这才发现邻居的被单洗得又白又干净，原来是自己的窗户污秽不堪。

所以，为了不犯这样的错误，我们不妨"糊涂"一些，这样不但可以大度地原谅了别人，有时也是对自己的一种保护和释放。

　　世人都愿当智者，不愿做糊涂虫，更不会心甘情愿地由聪明而转为糊涂。事实上，聪明有丰富的内涵和不同的层次；糊涂也有丰富的内涵和不同的层次。认真地做些研究，就可以发现，聪明有初级的聪明和高级的聪明之分，糊涂有低级的糊涂与高级的糊涂之别。

　　所谓顶级的聪明就是"糊涂透顶"的聪明，老子称之谓"大智若愚"，即"真人不露相"。所谓初级的聪明就是表面化的聪明，荀子谓之"蔽于一曲，暗于大理"，即"浮精"。

　　所谓顶级的糊涂就是"聪明绝顶"的糊涂，孟子称之为"隐而不发"，即"面带朱相，心中嘹亮"。所谓低级的糊涂，就是从里到外的糊涂，俗称"木头脑袋"、"不开窍"，即原本的糊涂。

　　在这里，特别要引以为戒的是，从来就没有聪明过头的人，千万不要奢谈糊涂，更不要去追求糊涂。正如常言所说：亡国之臣不言智，败军之将不言勇。没有达到真聪明、还未摆脱低级糊涂的人，贸然地去仿效"聪明的糊涂"，那就真要糊涂到底、一塌糊涂了。

　　不懂糊涂之奥妙的聪明，处处锋芒毕露，就像无制动器的火车，极易肇事。

　　通晓糊涂之奥妙的聪明，正如火车装上了制动器，可以安全可靠地向目的地进发。

　　不知糊涂之奥妙的聪明，固守死理，不通人情，定会经常碰壁。

　　掌握糊涂之奥妙的聪明，能"合乎天理，顺乎人情"，是真正的明智者，会处处受到欢迎。

　　"糊涂"是升华之后的聪明，是一种明哲保身的策略，如果你能明白这种"糊涂"之道，那么你的人生一定会更加顺遂。

糊涂自有糊涂福

糊涂是明哲保身的处世态度，糊涂是种福气，在这里，糊涂代表着大智慧。所谓"大智若愚"，真正的智慧是"糊涂透顶"的。

不仅凡夫俗子看不透"糊涂"的妙处，就连一些贤人雅士也常在这个问题上犯错误。

屈原大夫不懂得"糊涂"之道，感叹"举世皆浊我独清，众人皆醉我独醒"，最后只能怒投汨罗江。如果他肯听从渔夫的劝导："世人皆浊，何不湄其泥而扬其波？众人皆醉，何不皆其糟而醉？何故深思高举，自令放为？"如果屈原审时度势，糊涂一点儿，不坚持独善其身，那么他还会沉尸江底吗？

因此，聪明人为人处世要"糊涂"一点，只有"糊涂"才能成大事。

在第二次世界大战中，美国小罗奇福特领导的一个小组，于中途岛之战前成功地破译了日本人的密码，得到了日军海上作战部署的确切情报，并有针对性地进行了作战准备。

谁知，就在这个节骨眼上，一个嗅觉灵敏的新闻记者得到了这一绝密情报，竟然不知天高地厚地将其作为独家新闻在芝加哥一家报纸上给捅了出来。这样一来，随时都可能引起日本人的警觉而更换密码和调整作战部署。

发生了如此严重泄露国家战时情报的事件，作为美国战时总统的罗斯福却对此置若罔闻，既没有责令追查，也没有兴师问罪，更没有因此而调整军事部署，而是装做一概不知的糊涂样子。结果事情反而大事化无了，就像什么事也没发生一样，根本没有引起日本情报部门的重视。在不久之后的中途岛战役中，美军靠"糊涂"得到了大便宜。

如果当时罗斯福总统对此事较真儿，追查是谁将军事机密泄露给记者的，那势必会兴师动众，引起日本情报部门的警觉，那么之前的准备也就白费了，但正是罗斯福总统聪明地选择了"装糊涂"，那则新闻反而更像是毫无根据的臆测，让人看过即忘，完全不相信它的真实性，最终化险为夷。

罗斯福总统的糊涂真可谓是不动声色、掌控全局的大智慧，真可谓是"糊涂自有糊涂福"。

世上本无事，庸人自扰之

世上不如意事十之八九，十之八九中又有十之七八是庸人自扰。有的人聪明太过，往往把简单变得复杂，把无事变为有事，这些人其实是在用自己的标准衡量一切。其实有很多事，如果睁一只眼闭一只眼，根本不把它看得有多么严重的话，那它也就根本不会成为问题。

炎热的夏天，校长把学生们带到海边去玩，他自己站在水深处，规定学生以他为界，只准在水浅的地方玩。

孩子们都乐疯了，连最胆小的也下了水，终于，大家都玩得尽兴了，这才纷纷上岸。这时，发生了一件事，把校长吓得目瞪口呆。

原来，那些一二年级的小女孩上了岸，觉得衣服湿了不舒服，就当众把泳衣脱下来，站在那里拧起水来。

校长第一个冲动就是想跑过去喝止，但凭着一个教育者的直觉，他等了几秒钟，这时，他发现四下里其实并没有人大惊小怪，高年级的学生也没有向她们投来异样的眼光，小男生们也没有察觉到这一切，只顾着追逐打闹，海滩上依旧一片天真快乐。小女孩们所做的事不曾干扰到任何人，她们很快拧干了衣服，重新穿上——像船过水无痕一样，什么麻烦都没留下。

不难想象，如果当时校长一声吼骂，会给那个快乐的海滩带来多么尴尬的局面。那些小女孩会永远记住自己当众丢了丑，而大孩子们便学会鄙视别人的"无德"，并为自己的"有德"而沾沾自喜。

有些事本无所谓是非，唯有在是非人眼里才成了是非。校长在关键时刻选择了装糊涂，呵护了学生们的纯真与快乐。

曾有两个兄弟，合伙在某地开办制衣厂。兄弟俩苦苦经营了10年，厂子渐渐有了起色，财源滚滚而来。然而，弟媳却开始怀疑大伯多占了便宜，兄嫂也开始怀疑小叔子暗中吞了钱财，不久，两兄弟就闹了起来，互相争权争钱，谁都无心再去管理工厂了。市场经济是无情的，在他们闹分家的时候，工厂的业务都被竞争对手抢去了，不久便关门大吉，兄弟俩落得两败俱伤的下场。

人们往往是可以共患难而不能共富贵，究其原因，是金钱在捣鬼吗？不是的，真正作怪的是人们对于金钱的贪婪，谁都想多得一些，都怕自己吃亏。但是这样计较一时得失，反而鸡飞蛋打，一无所获，做事眼光要放长远，心胸要宽广，大度待人，公道处世，宁可糊涂一点儿也不要小肚鸡肠。

糊涂是一种大"聪明"

常常会有人把糊涂看做是愚蠢、笨拙、昏庸，这是错解了糊涂的真意。糊涂是一种大度宽容的气度，是以和为贵的处世原则，还是大智慧者若隐实存、决胜千里的不二法门。

清朝时，在广东省有位人称"癫梅"的知县，百姓都说他是个糊涂县官。

有一个人在外做生意，好几年没有回家了，这一次带着辛苦赚来的五百多两银子回来，因为走夜路怕不安全，他就把银子埋在离家 10 里外的一棵大榕树下。摸着黑回到家里，他发现院门紧锁，拍了半天老婆才来给他开门，进来后他顺手插上了院门。和妻子细述了一番相思之苦后，这个人又高兴地告诉妻子："我把赚来的银子埋在十里坡的榕树下了，有五百多两呢，明天我去挖出来。我要盖新房，给你和儿子买新衣服。"

妻子闻言只是一笑，催他快点儿睡觉。

第二天这个人一早便去了十里坡，但是发现埋在树下的银子却不见了，他大惊失色，开始还以为是自己记错了地方，但仔细查找了半天也没看见银子在哪里。银子一定是被人偷了！这个人万分沮丧，也不敢回家怕挨老婆的骂，只好跑到癫梅知县那里告状。

癫梅知县听完他的话，捻着胡子问道："你儿子多大了？"

这个人说："4岁多了，是我走之前生的。"

"你昨晚到家的时候，你的妻子对你是什么反应？"

"很平静，有点淡淡的。"

癫梅知县又问："你离家后，家中就只有你妻子和孩子在家吗？"

"是的，我父母早已过世，家中只有我老婆和儿子两个人。"

癫梅知县想了想，再问道："你说你昨晚插了院门，那今早出门的时候院门还插着吗？"

这人摇头道："不，今早我出去的时候，发现院门是虚掩的。奇怪，我记得明明是插了门的。"

癫梅知县突然一拍惊堂木，大声道："你把银子埋在树下，竟然不见了，这肯定和那棵大榕树脱不了干系！来人哪，去把那棵树带回来，老爷要审问！"

众衙役只好扛了斧头去砍树，癫梅知县又告诉那个丢了银子的人道："你回家去把儿子带来看本老爷审案，但是不许告诉你妻子丢了银子的事，否则重打20大板。"

这个人只好回家去接儿子，妻子问他怎么没拿银子回来，他也无言可对。妻子以为他是吹牛，就半嘲半骂地说了他一顿。当他抱着儿子回到县衙时，衙役们已经将伐下的大树放在了县衙门口，癫梅知县要审树的消息传遍了全县，很多人都来看热闹。有的人还说："癫梅知县又发癫了！"

癫梅知县抱着那个孩子站在树旁边，然后让看热闹的人一个接一个地从树旁走过，众人不解其意，只好依言照办，当一个青年男子走过时，小孩突然伸手要他抱，口中叫道："叔叔。"那个人装做作没听见，想要过去，但癫梅知县拦住了他，道："你认识这个孩子？"

那人连忙摇头。

癫梅知县指着他问孩子："这人是谁呀？"

小孩说："叔叔。"

癫梅知县问："叔叔喜欢你吗？"

"喜欢。"

"叔叔喜欢你娘吗？"

"喜欢。"

癫梅知县立刻吩咐左右将那个人抓起来，然后厉声道："你昨晚藏在人家家里，偷听到失主说将银子埋于树下的事，就趁他们睡着后打开院门赶到十里坡，将银子挖出据为己有。还不从实招来！赶快说出银子的下落？"

那个人脸色惨白，只得俯首认罪。

原来癫梅知县听了失主的描述后，就判断出一定是失主的妻子在他不在的这几年与别人勾搭成奸，失主回来的时候奸夫应该还没离开，那个奸夫偷听了他们的谈话所以去偷了银子。但是癫梅知县不想打草惊蛇，于是用审树这件事吸引百姓都来看热闹，再利用小孩的天真找出谁是奸夫，这才一举破案。

至于奸夫是如何与那人妻子勾搭成奸的，为了维护失主的脸面，癫梅知县就略过不问了。

这位癫梅知县真可谓是大智若愚的典范，堂审就能抓住罪犯，又能体贴地顾及失主的自尊心，的确是懂得糊涂的真谛。

人不能太精明，尤其是有一官半职的人，更需要糊涂一点儿，对于手下要取大节而宥小过，这样手下人才会为之尽力。

战国时期发生过这样一个故事：楚庄王大宴群臣，特意把宠爱的美人也叫出来跳舞助兴，还让美人为大家斟酒以示敬重。酒过三巡，众人都已有几分醉意，这时烛火突然熄灭，黑暗之中，有人趁机抱住了美人，美人用尽全力才挣脱，并顺手扯断了那人帽子上的佩缨，跑到楚庄王身边告状。

这时只要点灯，看看是谁的帽缨断了，就知道是谁无礼。可是楚庄王却下令让众人都扯断帽缨，以示尽兴，然后才命人点亮灯火。众人都喝得尽兴而归。

后来，楚国攻打郑国，开始时战局不利，楚庄王被困。这时一员大将奋力杀出，用身体挡在楚庄王前面保护着他。他拼杀起来全然不顾个人安危，连取敌人首级。这一仗楚国大获全胜。楚庄王要嘉奖那个勇猛的将领，那人跪下来说："小人就是当日被美人拉断帽缨的人，大王不追究小人的轻薄无礼，还顾全了小人的脸面。因此，小人才舍命来报答大王的恩德！"

楚庄王装糊涂，赢得了臣子的忠心回报。用一个小糊涂换回一员猛将，简直就是一本万利啊！

所以要奉劝一点儿亏也不肯吃的"聪明"人，学学癫梅知县揣着明白装糊涂，学学楚庄王得饶人处且饶人，相信退让一步自然海阔天空。

糊涂绝不是昏庸

有的人自以为深谙糊涂之真谛，他们从古训或现实的教训中得出这样的结论："直如弦，死道边；曲如钩，反封侯。"觉得只要保住了自己的乌纱帽，藏起自己的小金库，那么，什么事情都可以"糊里糊涂"。

其实所谓"糊涂"，强调的是看得开、放得下，也是处世的一种技巧，而不是是非不分、黑白不明。

当初郑板桥虽然写下了"难得糊涂"4个大字，但他的一生却是很不含糊的。郑板桥一生刚正不阿、倔强正直、遇事认真、绝不含糊。他自称"板桥诗文，自出己意，理必归于圣贤，文必切于时用"，不以俯仰别人鼻息求生存，不以窥视别人眼目来行事。他虽然早年困顿，到45岁才中进士，仅授七品县令，但却不怕得罪权贵，宁肯丢官以卖画维持生计，也不贪恋官位以苟安自保。郑板桥心系百姓"一枝一叶总归情"，不做"逐光景、慕颜色、嗟穷困、伤老大"的世间过客，他对社稷民生、国家大事从不"糊里糊涂"，绝不随波逐流。

这不是说郑板桥不会装糊涂，而是他在事关原则的问题上不肯装糊涂，如果他也像别人一样对权贵阿谀奉承，对他们做的坏事睁一只眼闭一只眼，那么当然可以尽享荣华富贵，可是后人还会对他超凡的高洁品格赞赏有加吗？

有这样一个笑话：一个衙役奉命押送一名犯了法的和尚去某地流放，他怕有闪失，每天上路前都检查一遍自己带的东西是否齐备，并编成一句顺口溜："包裹雨伞公文和尚我。"一天晚上落脚在客栈，衙役喝得酩酊大醉，和尚趁机偷了钥匙打开枷锁，剃光了衙役的头发，然后就逃走了。第二天醒来，衙役又念着顺口溜检查装备："包裹雨伞和尚……咦？和尚呢？"突然他摸了摸光秃秃的脑袋，点头笑道："原来和尚在这里。那么，我呢？我又在哪里？"

这个糊涂衙役连自己都找不到了，这自然不是郑板桥所说的"难得糊涂"的那个"糊涂"，不过，若人能糊涂至此，那还真的挺难的。在历史上，倒真还有和这个衙役差不多的糊涂蛋，他就是秦二世胡亥。

赵高与李斯为扶植胡亥继承秦始皇的帝位，伪造秦始皇的书信逼扶苏公子自杀，又关押了大将蒙恬，使胡亥黄袍加身坐上了龙椅。

胡亥窃居帝位时刚满 21 岁，他的理想就是："一个人活在世间，就像骏马跑过一个小空隙那么短暂，我既然已经君临天下，就打算尽情欢乐，享受人生。"因此，他继位之后就听从赵高的"劝告"，为了显示自己的尊贵而天天不上朝，鸡毛蒜皮的小事都交给赵高处理，自己只管处理重大事件和纵情享乐。

奇怪的是，自从赵高掌权后，大秦帝国就没发生过一件"大事"，包括陈胜吴广起义，包括项羽大破秦国的中央军队，统统都只是"鸡毛蒜皮"的小事。当李斯去劝胡亥的时候，胡亥却责问他："你的同学韩非子过去说过，古代的君主都十分勤劳辛苦，可是我要问你，难道做君主管理天下就是为了受苦受累吗？这不过是他们无能才造成的，圣明的君主治理天下，就是像我这样，要让天下适应自己，如果连自已都不能满足，那如何使天下满足呢？我就想随心所欲，而且还要永远统治天下，你李斯有什么办法呢？"

李斯被这番胡搅蛮缠的混话惊得目瞪口呆时，胡亥早已退朝，将美貌的宫女搂在怀里玩乐去了。

后来，赵高要杀掉胡亥，胡亥责怪身边的小太监不早点儿提醒自己，他还妄想和赵高派来杀他的人讨价还价，问："不让我当皇帝，那能否让我当个郡王呢？要不当个万户侯？实在不行，就让我做个平头百姓吧。"显然还是不行，赵高就是想要他的脑袋，这个昏庸糊涂的皇帝只得无奈地自杀了。

这样的糊涂不是糊涂，是昏庸，只能让后人耻笑。相比之下，越王勾践卧薪尝胆所表现出的隐忍可就是若隐实存、匿强显弱的最高境界了。

第九章
男人的品位是有一个健康的体魄

　　有些现代男人在追求高品质生活的同时,却不自觉地陷入了误区:拼命工作、拼命享受、吃喝玩乐以及无休止的夜生活,等等,这样的生活无不以损害健康为代价。只有拥有健康,才能谈得上高品质,"以健康为中心"是这个时代赋予男人"高品质生活"的新的内涵。

健康是"享受"的本钱

1929年，纽约股市崩盘，美国一家大公司的老板忧心忡忡地回到家里。

"你怎么了？亲爱的！"妻子笑容可掬地问道。

"完了！完了！我被法院宣告破产了，家里所有的财产明天就要被法院查封了。"他说完便伤心地低头饮泣。

妻子这时柔声问道："你那健康的身体也被查封了吗？"

"没有！"他不解地抬起头来。

"那么，我这个健康的妻子也被查封了吗？"

"没有！"他拭去了眼角的泪，无助地望了妻子一眼。

"那我们几个健康的孩子呢？"

"他们还小，跟这档子事根本无关呀！"

"既然如此，那么怎能说家里所有的财产都要被查封呢？你还有一个支持你的妻子以及一群活泼可爱的孩子，而且你有丰富的经验，还拥有上天赐予的健康的身体和灵活的头脑。至于丢掉的财富，就当是过去白忙一场算了！以后还可以再赚回来的，不是吗？"妻子的话使这个男人又把头抬了起来。3年后，他的公司再度成为《财富》杂志评选的五大企业之一。确实，健康是生命的基础，是幸福的源泉。有了健康，才有一切；失去了健康，一切都将成为泡影。健康就是太阳，没有健康，白天也是黑夜，晴天也是阴天；拥有健康，黑夜也是白天，阴天也有太阳。德国作家哈格多恩说："唯有健康才是人生。"美国作家爱默生说："健康是人生的第一财富。"

健康不仅是"革命"的本钱，还是"享受"的本钱。即使是亿万富翁，如果要他每天躺在病床之上，那他也不会感到幸福的，拖着百病缠身的躯体，即使有数不完的钞票又有什么意义？

想要尽情品味生活的美好，拥有健康显然是第一位的。

你也许曾听说过这样一个小故事：曾经有一个人，每天辛苦地工作也只能维持温饱，每次当他经过城中最富有的人的房子时，都会嫉妒地说："住在这里面的人一定很幸福。"这样的生活让他觉得很不幸。于是，有一天，这个人来到寺庙，向菩萨祈祷："请让我也住进那座大房子，享受一下富人才能享受的生活吧。"

菩萨问他："善良的人啊，你现在拥有的也同样富裕啊。"

这个人说，"我是穷人，每天要为自己的三餐而努力工作，从来不敢懈怠。即使如此，我挣一辈子的钱也不够买一座大房子，更别提天天吃山珍海味，穿绫罗绸缎了。看看那些富人吧，他们有很多钱，出入有马车，还有仆人侍候，他们的生活是多么快乐啊。"

菩萨说，"你有一个健康的身体，这就是你最大的财富。"

这个人叫了起来，"这有什么用？好心的菩萨，我宁愿用我的健康来换取富人的生活！"

菩萨很慈悲，听了穷人的话，只好叹息一声，说，"好吧，可怜的人，我会满足你的请求。但愿你会比现在幸福。"

于是，这个人转眼间就住进了城中最豪华的大房子，这所房子里有 100 个房间，每个房间都装饰着许多价值不菲的古董。他穿上了最昂贵的衣服，有几十名忠心耿耿的仆人为他服务，每天他不用工作就有享受不尽的财富。

当然，这一切都是用他那唯一的财富——健康作为代价换来的。

终于实现了自己的梦想，过上了梦寐以求的生活，这个人高兴极了，可是，他很快就快乐不起来了。虽然他现在拥有数不尽的金钱，可是却每天都要忍受病痛的折磨。开始的时候，他想："这完全值得，我可以忍受。"但是，每天他要打针吃药，行动不便，那些香气四溢的食物放在眼前，他却失去了品尝的兴趣。

虽然他拥有很多牧场，可是自己却不能享受骑着骏马纵横驰骋的乐趣。虽然他的房子里有 100 个房间，可是他却没有力气去欣赏，甚至这些空无一人的房间让他感到难以忍受的孤独。

曾经让他羡慕不已的生活，如今他已经拥有了，然而他却没有一个健康的身体来享受。无论是金钱美女，还是美味佳肴，所带给他的快乐都是如此短暂，根本不能弥补疾病带给他的折磨。

他从窗口向外望去，一个贫穷但健康的小伙子正吹着口哨从他窗前走过，看着小伙子自得其乐的神情，他哀叹起来："我现在根本就体会不到幸福，我宁愿用现在的一切去换回我的健康。"

故事不仅仅是故事，类似的事每天都在人世间上演。

我们努力地工作，从来不敢懈怠和休息，用牺牲自己的健康来换取金钱和地位，这又和故事里的人有什么区别呢？牺牲健康换取的"一流"生活还能让你感觉到幸福吗？这样摘来的果实有你想象中的甜美吗？

真正一流的生活，需要你有一个健康的身体为基础，失去健康，也就失去了"享受"生活的本钱。

不会经营自己健康的人就不会经营自己的事业

圣经上说："世界上没有比健康更好的财富，没有比内心快乐更大的快乐。"我们也常常说："健康就是财富。"最大的财富，当然是永葆身心的舒畅。

男人的身心愈健康，对于事业愈有帮助。再说，我们生活在这个分秒必争、变幻莫测的世界，被许许多多意想不到的事件所困扰，这些都需要我们强壮的身体和健全的精神，去一一处理和克服。

有一句古话："工欲善其事，必先利其器。"就是说，聪明的匠人绝不肯使用已经损坏的工具。天下没有一个理发师用很钝的剪刀而指望其生意兴隆，也没有一个木匠用很钝的锯子和斧头而指望其作工精良。

有些男人有过人的天赋，但最终只取得一些微小的成功，就因为他们在无意中损伤了自己的成功机器，就因为他们不能以必要的动力来启动那机器。世间有千千万万个人，就因为对于身体不曾注意与留心，以致壮志未酬，饮恨终身！他们毁掉了自己有所作为的可能性。他们的生活变得枯燥而乏味，他们在身心正当精壮的时候，却已经是"老态龙钟"了，以致"壮志未酬"，这该是人世间最悲惨的事情了。

男人，只有在身心健康、精神舒畅的状况下，才有旺盛的进取心，才能发挥雄厚的潜能，从而开创美好的人生。

英文中最有力的字眼莫过于"平衡"（balance）这个词了。辛勤工作是对的，但也要用尽情的休闲来平衡一下。许多高效率的工作者，他们都保持着身心的健康，这样同时也增强了赚钱的能力。其秘诀在于，工作之后他们能够全身心地投入到娱乐活动中，始终保持轻松的心态。

一些事业成功的人，每天以一定量的娱乐来平衡辛苦的工作。如果你的意志力能把持住自己，那再好不过了。但当你赚到大钱任意挥霍于娱乐上时，你很难节制这暧昧的"平衡"而纵于安逸。因此大多数想追求成功的人，要以娱乐平衡工作时，比要将自己全心埋首于工作，更需有高度的艺术性。

所谓以每日一定量的娱乐保持均衡是说：每天必须有固定几小时的轻松活动，不论是和家人在一起，去健身房，从事心灵活动，带小孩参加集会，或沉醉于自己的嗜好中，只要是能平衡紧张工作的活动，都应优先用于你自己指定的这--轻松时光。

有时候，双向的活动更有帮助。儿子骑车你慢跑，携眷去工作旅行，中午一起进餐，带小孩外出拜访朋友，重新安排你的计划和进度表。这样一个月中，有几个工作日你可以在家有效率地工作。如果你肯花心思，有很多办法能让你多与家人相处。和家人疏远而埋头工作，会让你所有的辛苦白费。过度的工作，会抵消所有你为他们辛勤赚来的一切。

生理健康与心理健康是息息相关的。当我们承认精神影响肉体，而肉体也有影响精神的倾向之事实时，对二者的关系就更为了解了。经验告诉我们：当我们紧张、焦虑和沮丧的时候，会感到身体不适；

同样的，在生理上有病痛时，也会使人感到精神郁闷、沮丧和焦虑。

一个男人所能实施的最大、最聪明的做法就是在身体内储藏起最旺盛的生命力，储藏起最大量的体力与精力以获取成功。剥削自己能够给予我们体力与精神的应有的供给，无异于杀掉可以替我们产金蛋的鸡。

没有什么东西能比我们的体力与精力更为宝贵！所以我们应该不惜任何代价，以获得与拥有它们。

每个男人都希望自己长命百岁，但却很少有男人关心自己的健康，这是很奇怪的事。如果在你得到第一辆汽车的时候，有人告诉你，这将是你今生唯一的一辆车，必须陪你度过终生，你会十分细心地照顾这部车。而你的身体也是一样，你只有一个身体，为什么不好好地珍惜呢？

对于每个男人来说，一生或许有很多理想，但若没有了生命，这些理想无异于空中楼阁。所以，不论什么时候，健康都是你最重要的资本。

透支什么也不能透支健康

20 世纪七八十年代，日本著名的精工公司、川崎制铁和全日航空公司等 12 家大公司的总经理相继突然去世（年龄大多在四五十岁），从此，日本民间提出了"过劳死"一词。虽然从医学角度准确来说，疲劳只是一种症状，最终导致死亡的应是某种疾病，但过度疲劳所导致的危害切切实实存在于我们的生活中。

2000 年 10 月 23 日凌晨 1 时，年仅 39 岁的卢志东死在回家的出租车上。消息传来，不少人都感到愕然，作为某网站总监的他，22 日下午还和同事们商讨过电子商务平台的计划，没想到次日清晨就传来了他去世的噩耗。

在北京，网站的产生速度是每天 8 个，要想立足，谈何容易？作为网站总监的卢志东，除了负责全部的运作内容，还要到大学演讲和社区组织联谊活动，还有举步维艰的融资、上市及没完没了的运筹策划。他的时间表由天分割成了小时，甚至分、秒，早上 6：30 起床就开始琢磨当天推出的新网页和新策划，晚上 9 点才考虑回家。

一天 14 个小时的超负荷工作使卢志东的生活演变成一种狂热，两年来，当他把生活中所有的空间都出让给工作时，却没发觉健康已远离了他。他开始心慌、失眠，不是不想睡，而是不可能入睡，耳鸣和顽固性头痛像驱之不去的蚊子，每个间隙都在耳旁盘旋，使他痛苦不堪。在巨大的压力下，12 点上床的他深夜 2 点会猛然坐起，掐着自己的太阳穴默默念诵："我不会输。""我是机器，我撑得住。"

长期高度的精神紧张和过度思虑，破坏了脑血管收缩和舒张的动态平衡，以致卢志东头痛不止；心脑血管缺血、缺氧，产生了心慌、耳鸣。如果这些警示能使他改变工作狂的生活方式，重视自己的健康，休整一下，仍可挽回生命，可他却是更加变本加厉："我是机器，我能撑得住。"最后只能在精疲力竭中离开了这个世界。

2006 年 9 月 18 日的悲剧再次重演，年仅 38 岁的网易代理 CEO 孙德棣因身患癌症猝然离世。这个创造了网易股价从 0.63 美元推向 72

美元的奇才，就这样永远离开了他为之奋斗的工作。

2004 年 4 月，孙德棣因病休假返回香港，那一次已经查出他因积劳成疾而患上了癌症，但 3 个月后，他又重新回到工作岗位。据网易公关部经理张颖回忆，孙每天上午 9 点准时赶到办公室，经常到晚上11 ~ 12 点，他的办公室还不熄灯。

2004 年，前爱立信中国总裁杨迈因劳累过度，猝死在跑步机上；2004 年 8 月，年仅 28 岁的大洋网新闻中心副总监王建峰病逝；2004年 11 月，杭州网通总经理杜斌 26 岁（未婚）病逝；2005 年 2 月 24日，域名注册系统顶尖专家、中国频道的 CEO 黄柏林，在 37 岁初为人父时病逝。这些"IT 狂人"几乎把所有的时间都献给了 IT 产业，正是有这样一群人的奉献，充满朝气的 IT 产业的发展几乎是一路高歌猛进，创造出了令人瞩目的奇迹。从百度、盛大的看似一夜暴富，到联想、华为的国际化扩张，都令外界对 IT 产业的高速发展艳羡不已。而他们却不曾想到，这些辉煌的背后埋藏了多少 IT 精英们透支的健康和生命。

并不是没有疾病显现的时候你就一定健康，有时候威胁我们生命的东西正在伺机而动，而疲劳就是不堪负荷的身体给予我们的警示信号。但是，往往是浓茶、咖啡和精神的高度紧张让我们感受不到疲劳，并不知道健康已经被我们不知不觉地透支了。人，只有知道自己已经深陷疲劳之中，才会了解其中的危害，才会关爱自己，才会投资健康。研究者认为，有 27 项症状和因素可以让你对照检查自己是否正受到过劳死的威胁，27 项症状和因素分别是：

1. 经常感到疲倦，忘性大；2. 酒量突然下降，即使饮酒也不感到有滋味；3. 突然觉得有衰老感；4. 肩部和颈部发木发僵；5. 因为疲劳和苦闷失眠；6. 有一点小事也烦躁；7. 经常头痛和胸闷；8. 发生高血压；9. 体重突然增大，出现"将军肚"；10. 几乎每天晚上聚餐饮酒；11. 一天喝 5 杯以上咖啡；12. 经常不吃早饭或吃饭时间不固定；13. 喜欢吃油炸食品；14. 一天吸烟 30 支以上；15. 晚上 10 时也不回家或者 12 时以后回家占一半以上；16. 上下班单程占 2 小时以上；17. 最近几年运动时也不流汗；18. 自我感觉身体良好而不看病；19. 一天工作 10 个小时以上；20. 星期天也上班；21. 经常出差，每周只在家住两三天；22. 夜班多，工作时间不规则；23. 最近有工作调动或工作变化；24. 升职或者工作量增多；25. 最近以来加班时间突然增加；26. 人际关系突然变坏；27. 最近工作经常失误或者和别人产生矛盾。

疲劳已成为危害现代人健康的最大杀手，消除疲劳并不是什么难事，专家开出了 4 剂药方：

1. 消除脑力疲劳法：适当参加体育锻炼和文娱活动，积极休息。如果是心理疲劳，千万不要滥用镇静剂、安眠药等，应找出引起感情忧郁的原因，并求得解脱。若是病理性疲劳，应及时找医生检查和治疗。

2. 饮食补充法：注意饮食营养的搭配。多吃含蛋白质、脂肪和丰富的 B 族维生素食物，如豆腐、牛奶、鱼肉类，多吃水果、蔬菜，适量饮水。

3. 休息恢复法：每天都要留出一定的休息时间。听音乐、绘画、散步等有助于解除生理疲劳。

4. 科学健身方法：一是有氧运动，如跑步、打球、打拳、骑车、爬山等；二是腹式呼吸，全身放松后深呼吸，鼓足腹部，憋一会儿再慢慢呼出；三是做保健操；四是点穴按摩。

生活并不容易，有时需要我们付出许多，如付出金钱、付出亲情、付出时间……但不管作出多大的付出，都不应以透支健康为代价，因为，只有健康才能享受幸福。

一定要学会为自己减压

人们常说："有压力才有动力。"适度的压力促使人们超水平发挥。它可以使我们心跳加快、呼吸加速、血压增加、加速血液循环，使我们能有效地对付或逃离危险。但是，长期处于压力之下，也会给健康带来隐患，如果你长期承受超负荷的压力，就会耗尽恢复元气的体力。中医很早就有"抑郁成疾"、"气滞血淤"的说法，如何化解这些繁重的压力，让心灵放松，让自己体会到生活的快乐便成为现代人必须面对的新课题。

有位医生在替一位卓越的实业家进行诊疗时，劝他多多休息，因为他的健康已经受到了严重的威胁。"我每天承担着巨大的工作量，没有一个人可以分担一丁点的业务。大夫，你知道吗？我每天都得提一个沉重的手提包回家，里面装的是满满的文件呀！"病人无奈地说道。

"为什么晚上要批那么多文件呢？"医生惊讶地问。

"那些都是必须处理的急件。"病人不耐烦地回答。

"难道没有人可以帮你的忙吗？助手呢？"医生问。

"不行呀！只有我才能正确地批示呀！而且我还必须尽快处理完，要不然公司怎么办呢？"

"这样吧！现在我开一个处方给你，你能否照着做呢？"医生思考了一会儿说。

处方规定：每天散步两小时；每星期空出半天时间到墓地去一趟。

病人莫名其妙地问道："为什么要在墓地呆上半天呢？"

医生不慌不忙地回答："我是希望你四处走一走，瞧一瞧那些与世长辞的人的墓碑。你仔细思考一下，他们生前也与你一样，认为全世界的事都得扛在双肩，生活的幸福就是要靠他们一刻不停地工作来获取的，如今他们全都长眠于黄土之下，也许将来有一天你也会加入他们的行列。然而，整个地球的活动还是永恒不停地进行着，而其他世人则仍是如你一样继续工作。我建议你站在墓碑前好好地想一想这些摆在眼前的事实，看清楚你以健康为代价换来的生活是否让你觉得幸福。"

医生这番苦口婆心的劝说，终于敲醒了病人的心灵，他依照医生的指示，放慢生活的步调，并且转移了一部分职责。他知道生命的真谛不在于急躁或焦虑，他的心态已经平和，健康得到了改善，当然事业也蒸蒸日上。

日有日的规律，月有月的循环，年有年的往复，万事万物都有它自然的节奏，我们的身体也不例外。可以说，生物节律与我们的健康关系十分密切。人和自然是统一的整体，存在着神秘而微妙的对应关系，我们的生理活动随着昼夜交替、四季变化，也在进行着周期性的节律活动。

现代生活节奏不断加快，我们也在加快着自己的步伐，对于工作想用最短的时间获取最大的收获，对于娱乐休闲也想依此处理。然而，我们得到的却是越来越重的压力，似乎有永远也处理不完的事务、短暂而且无益的休闲、混乱的生物钟、提早衰老的身体……

随着健康的远离，我们甚至没有时间停下来想一想，生活的真谛在哪里？我们不否认"人应该努力工作"，但是在追求个人成就的同时，不应该舍弃自己的健康，否则就称不上高品质的生活。工作的同时也要学会娱乐，什么时候你学会为自己减压了，才能真正过上快乐幸福的生活。

从紧张的工作中解脱出来

生活中，人们常会感到工作的紧张，它比电话占线和早上堵车更为普遍。人们对付它的办法包括加快午餐时间、早起床、加班、强制性地吃饭、喝酒或咖啡，甚至服药。

与工作相关的紧张，造成效率降低，工作成果下降，它也会威胁男性的健康。实际上，人们已认识到，工作环境所造成的长期紧张是今天最严重的健康问题之一。与工作紧张相关的是医学问题，包括高血压、胃炎、溃疡、结肠炎和心脏病，还加上肥胖症和酒精中毒。美国的紧张研究所指出，70%～90%的就诊病人，其发病诱因皆为与紧张相关的机能失调。

从长远观点看，工作紧张会导致健康的全面崩溃。早期出现的症状为精神倦怠，体质下降，容易生气发怒和抑郁沮丧。到了晚期，病入膏肓，在情绪上则陷入极度的悲观中，有人甚至患上了"上班恐惧症"，完全失去了自信。

鉴于这种情况，在西方已有很多家公司提出了至少一些缓解紧张的管理方案，它们包括从最普遍的控制饮用含酒精的饮料，到体育锻炼和参加静思养神培训班。例如，美国纽约电话公司就要求所有雇员定期检查身体，并且给被与紧张有关的问题所困扰的人开设静思养神培训班。

在国内，即使你所在的单位并不实行缓解紧张方案，你也可以自己解决这一困扰。重要的是，要认识到，你是无法躲避紧张的。实际上，它是任何工作中都不可缺少的一部分，它随你工作压力的增大而增加，苛刻的任务期限和上司发脾气之类的事情都会对你产生压力。

虽然你不可能逃避工作紧张，但你可以学会如何对付它。第一步是要在紧张刚产生的阶段就发现它。持续不断的头痛或反胃，表明你的紧张程度已很高。一旦你已体会到紧张，就得想办法将它控制住。也许，你可以通过多吃些有益健康的食物或进行有规律的体育锻炼来进行自我调节。

除此之外，人们还应该怎么做呢？

1. 正确地评价自己：永远保持一颗平常心，不要与自己过不去，不要把目标定得高不可攀，凡事需量力而行，随时调整目标未必是弱者的行为。

2. 处理好事业与家庭的关系：家庭的和睦与事业的成功绝非不可调和的矛盾，它们的关系是互动的，"家和万事兴"，无力"齐家"，恐怕也无力"平天下"。

3. 面对压力要有心理准备：要充分认识到现代社会的高效率必然带来高竞争性和高挑战性，对于由此产生的某些负面影响要有足够心理准备，免得临时惊慌失措，加重压力。同时，要保持正常心态、乐观豁达，不因逆境而心事重重。

4. 要培养自己有一个宽广豁达的胸怀：与人为善，大事清楚，小事糊涂。郑板桥的一句"难得糊涂"传诵至今，就是因为其中道出了人生哲理。

5. 丰富个人业余生活，发展个人爱好：生活情趣往往让人心情舒畅，绘画、书法、下棋、运动、娱乐等能给人增添许多生活乐趣，调节生活节奏，能使人从单调紧张的氛围中摆脱出来，走向欢快和轻松。

紧张地工作不是最好的生活，它很容易损害你的健康，因此，你应该找一些事情来做，把自己从工作的紧张感中释放出来。

生活一定要规律化

公鸡破晓啼鸣，蜘蛛凌晨结网，牵牛花凌晨开放，大海潮汐涨落也自有其规律。人体的一切生理活动也是有着一个严密的周期规律的，当我们的血压、脉搏、心跳、神经的兴奋与抑制、激素的分泌等等生理活动都遵循这种规律的时候，我们就会精力充沛、身体健康；反之，则会衰弱、生病，甚至死亡。

德国哲学家康德活了 80 岁，在 19 世纪初算是长寿老人。有人对康德作了这样的评述："他的全部生活都按照最精确的天文钟作了估量、计算和比拟。他晚上 10 点上床，早上 5 点起床。接连 30 年，他一次也没有错过点。他 7 点整外出散步，当地的居民都按他的活动来对钟表。"据说康德生下来时身体虚弱，青少年时经常得病，后来他坚持按照规律生活，按时起床、就餐、锻炼、写作、午睡、喝水、排便，形成了"动力定势"，身体由弱变强。

世界卫生组织 1991 年向全世界宣布："个人健康和寿命 60% 取决于自己，15% 取决于遗传，10% 取决于社会因素，8% 取决于医疗条件，7% 取决于气候的影响。"有规律的生活方式决定你的身心健康。威胁人类健康最大的疾病就是生活方式病，又称"文明病"、"富贵病"。人们大多数死于自己培养起来的生活方式和行为，这不是自然灾害，是人为灾害。

有些人工作的时候加班加点，周末的时候通宵泡吧、搓麻将，生活全无规律可言。虽然现在医学发达，生活水平也有所提高，但是你认为自己会像康德一样活到 80 岁吗？即使能活到 80 岁，那时的你是坐在轮椅上寸步难行，还是不用劳烦别人就能自在地散步呢？

在酒桌上，常有人会这样说："我的肝脏都让酒精泡坏了，等老了可有我受的。"因为"老年"还没到来，这种担忧也显得不太认真，于是说这话的人依旧大吃大喝，继续伤害着自己的肝脏。

有许多人为了早晨多睡几分钟，就放弃了吃早餐，工作一忙，吃饭也就没有了规律。这样的人一边吃着大把的胃药，一边继续着这种虐待自己胃的生活。为什么我们不能让自己生活得规律一些呢？处于亚健康状态的人，既有坠入疾病深渊的可能，也有成为健康人的希望，关键看你如何善待自己，而规律的、有节制的生活正是帮你摆脱亚健康的重要手段之一。

把粗茶淡饭"捡"回来

人的身体是由千千万万的细胞所构成的，每个细胞都有吸收营养物、氧气与排泄废物的功能；如果这种机能遭到损害，细胞就会退化衰弱，同时靠细胞来构造的各种器官，也会随之而退化衰弱。

要给细胞补充营养，最简单的办法当然是吃东西——这也是我们生存所必需的，但是，我们每天所吃的食物究竟是在给我们的身体补充营养，还是在添加毒素？这些没有多少人能说得清楚。

全国政协委员、中日友好医院中医肿瘤科主任李佩文教授说："人得癌症，除了环境污染等因素外，有一半因素与饮食习惯有关。"

煎炸食品会产生一种名叫苯并芘的致癌物质，所以炸鱼炸肉、烤羊肉串、炸鸡等食品不宜多吃。然而，令人遗憾的是，我们受西方饮食影响太深，太多的洋快餐对人们的健康非常不利。而且人们一直认为炸淀粉类的食物比较安全，但研究发现，淀粉类食物煎炸后会产生"丙烯酰胺"，也是容易致癌的物质，所以，淀粉类的煎炸食品如炸薯条就不宜多吃。

目前，各种癌症的发生年龄有提前的趋势，这主要有四大原因：一是饮食过精，缺少多种纤维素和绿色蔬菜；二是过多食用煎炸食品，如炸鸡腿等；三是生活环境中空气、水、室内装修等污染严重；四是电脑等诸多家用电器带来的电子尘埃和电子微粒污染，影响人的中枢神经和免疫功能。

李教授建议人们要把粗茶淡饭"捡"回来，平时多吃一些绿色蔬菜和含纤维素的食物，可以增加排便次数，把人体中产生的有害物质很快排出体外，减少有害物质的自我吸收率。特别是绿色蔬菜含有大量的维生素 C，可以在胃内分解致癌物质亚硝酸胺盐的形成。

有很多人认为，粗茶淡饭的确有好处，但是不利于孕妇、孩子、病人食用，因为无法提供他们所需的营养，其实，这是很错误的观念。

科学早已证实，所谓的粗茶淡饭包括各种谷类、豆制品、水果、蔬菜、牛奶，是非常完备的营养体系。而且素食绝对不含胆固醇与饱和脂肪酸，用不着担心会引发心脏、血管等疾病。

孙中山先生不仅是革命家、思想家、政治家，同时也是一位大力提倡素食的医师。孙中山先生曾经写过一篇《病者自述》，文中说：

"作者曾得饮食之病，即胃不消化之症。原起甚微，常以事忙忽略，渐成重症，于是自行医治；稍愈，仍复从事奔走而忽略之，如是者数次，其后则药石无灵，只得慎讲卫生，凡坚硬难化之物，皆不入口；所食不出牛奶、粥糜、肉汁等物。初颇觉效，继而食之半年以后，则此等食物亦归无效，而病则日甚，胃病频来，几无法可治。用按摩手术以助胃之消化，此法初施，亦生奇效。而数月后，旧病仍发，每发一次，比前更重，于是更觅按摩手术而兼明医学者，乃得东京高野太吉先生。

"先生手术固超越寻常，而又著有《抵抗养生论》一书，其饮食之法，与寻常迥异。寻常西医饮食之法，皆令病者食易消化之物，而戒坚硬之质，而高野先生之方，则令病者戒除一切肉类及溶化流动之物，如粥糜、牛奶、鸡蛋、肉汁等，而食坚硬之蔬菜、鲜果；务取筋多难化者，以抵抗胃肠，使自发力，以复共自然之本能。忘本取末则无能矣。

"吾初不信之，乃继思吾之服粥糜、牛奶等物，已一连半年，而病终不愈，乃有一试其法之意。又见高野先生之手术，已能愈我顽疾，意更决焉。而行遂从之，果得奇效。唯愈后数月，偶一食肉或牛奶、鸡蛋、汤水茶酒等物，病又复发。始则以为或有它因，不独关于所食也，其后三四次皆如此，于是不得不如高野先生之法，戒除一切肉类、牛奶、鸡蛋、汤水茶酒，与乎一切辛辣之品，而每日所食，则硬饭、蔬菜，而以鲜果代茶水。从此旧病若失，至今两年食量有加，身体健康胜常。"

孙中山先生早在几十年前对饮食的见解就已如此正确、精要，足以让还沉迷于肉食的人们作为参考。

其实，是吃精细食品还是吃粗茶淡饭，差别不仅在于养生观念的正确与否，还有一个习惯问题。我们习惯了精细食品的味道，隔一段时间不吃，就会想念。但是能品尝精细食品的只有舌头上的味蕾而已，食物一旦通过喉咙滑下食道，它的滋味就已不再重要，它在我们体内造成的效果才是真正值得我们考虑的。

健康来自于精心调养

一个人身体的变化是一种生理规律，谁都无法阻挡。但对于事业来讲，大部分人都是在 40 岁这一阶段取得成功的，这恰好是人的身体由盛转衰的时期。那些平时注重身体保养与健康的人，这时可能会尝到甜头，而那些只顾拼命、不管身体健康的人则会吃尽苦头。更令人悲哀的是，有的人在事业有成、正该享受事业丰硕成果的时候，却大病缠身，一命呜呼。要是早知如此，他们平时一定会注意自己的身体。

所以我们要牢记：人活于世，健康第一。只有健康才能有未来，而健康是靠你去努力得到的，只要你愿意，你就可以得到它！

做事业与赚钱则不同，还没听说谁能随心所欲，想有多大成就就有多大成就，想赚多少钱就赚多少钱。虽然人们常说勤奋辛苦就可以赚到钱、成就事业，但也有事与愿违的时候。有些情况下，心想与所得也会不成正比，所以有人在忙了一天之后会叹气说："赚钱真难啊！"可是有些人则很有运气，突然之间，钱财滚滚而来，好像不费力气似的，真是钱追人！凡是在社会上行走过一段时间的人，相信都有同感！

人活于世，不赚钱不行，没事业不行，但也不能做个拼命三郎，钱不是一下子就能赚到手的，成功不是说来就来的，只有保住了健康之本，才有可能去挣钱。留得青山在，不怕没柴烧。所以，对赚钱的事，勤奋努力是对的，但也要想到前面有一堆金子，你却无力去拿，这才是人生的一大憾事！

那么，一个人怎样才能保持住自己的健康呢？

第一，顺其自然地赚钱。头脑里不要时时惦记着"赚钱"这件事，这样会给你造成一种压力，压迫你去超负荷地工作，这对你的心理和精神都有负面影响。最好的办法是顺其自然，钱不是想赚就能赚到的，有时你不想赚，也许它会悄悄地来到你身边，好好把握机会吧！

第二，要节制欲望。在社会上做事，免不了要应酬，而应酬也要有所节制，不能想做什么就做什么。更不能陷入酒色财气中。否则害人害己，伤及身体。

第三，要时常活动筋骨。你可依据个人的体能、时间、场所，做各种不同的运动，不要说你太忙，忙不是一种理由！难道还有什么事比保全健康更重要的吗？

第四，身体检查也很重要。要经常做些检查，以便提早发现问题，避免酿成大祸。

除此之外，还必须学会在生活中以科学的方法调养身心，这样才能保持蓬勃的朝气。

在家中可以这样对自己进行一些调养身心的活动：1. 清晨，在朝阳下散步、慢跑或倒走一刻钟，此时的太阳光射进视网膜，能阻止身体分泌一种令人昏昏欲睡的荷尔蒙，使你情绪饱满，精神焕发；2. 运动过后进行淋浴，但水温不要太高，不要洗热水泡浴，那会使你睡意更浓；3. 淋浴时大声唱歌或者放些轻快的音乐，因为音乐能唤醒你的右侧脑，使你情绪高涨；4. 当事务缠身感觉疲惫时，不妨丢开一切，做自己喜欢的事。如翻相册、写信给好友、出去买一件新衣服，等心情转好再列出计划完成工作。

在办公室：1. 不要在太强的灯光下工作，强弱适中的光和恰当的光源有助于你集中思想，从头顶射下的高强度灯光可能会引起偏头痛，别忘了在工作间隙做做深呼吸，以吸入更多氧气；2. 电脑发出的高频率信号有损你的注意力，因此，当你不用电脑或暂时离开办公室时就把电脑关掉，戴耳塞也是一种有效的方法；3. 伏案工作时间过长，不妨打一两个呵欠，休息一下。打呵欠能帮助新鲜血液加速流向大脑，从而起到提神醒脑的作用，或者伸伸懒腰，调整一下姿势，以避免肩周炎之类的职业病；4. 可适当调整办公室的布置，给人以面貌一新之感，也可以在办公室放置相框、喜欢的盆栽、油画或励志格言，使环境温馨，并能从容应付具有挑战性的工作。

适当运动：1. 感到精神不振时散步片刻，20 分钟轻快的散步会使接下来的两小时内精力充沛；2. 如果你正在执行一套完整的锻炼计划，每周应有一天休息，以恢复体力；3. 以舒缓松弛的太极、印度瑜伽功代替快节奏的健身操；4. 大运动量的运动后不适合再干繁重的工作，而是充分地休息调整。

就寝：1. 确定睡眠休息时间早晚的上限和下限，如晚上 11 点至早晨 6 点，避免养成睡懒觉的习惯；2. 睡眠不足是精神萎靡的重要原因，提前半小时入睡，两周下来等于多睡一晚；3. 中午小睡片刻有助于身体更好地调整和恢复；4. 避免吃得过饱后立刻睡觉，消化困难会影响睡眠，应尽量在饭后两小时再入睡。

即使是一分钟的运动也能收到效果

每个人都知道运动的益处，但很多人却总是找不出时间来运动，或者认为只有在健身房里锻炼才算得上运动。

其实，运动是随时都可以做的，也用不着特意腾出时间，仅仅需要你一分钟就可以起到运动的效果。

纽约魏特利电脑公司的职员都在遭受一种困扰，因为工作性质的原因，他们每天要长时间地坐在电脑前，根本没有时间去运动。这使得他们中的大多数人开始长出了"将军肚"，腰部和肩膀、颈椎长时间疼痛，操纵鼠标的手腕受到损伤，眼睛视力下降，皮肤变得粗糙，关节不再灵活，连头发也过早地脱落……

在一次体检时发现，公司里的大部分员工都或多或少地患上了各种慢性病，他们的健康正一点一滴地被侵蚀着。

这时，公司的一位女经理格丽丝·戴维森开始倡导大家利用一分钟时间来做运动，她说："别告诉我你连一分钟的空闲时间都没有！"

格丽丝的办法很简单，每工作一小时左右，就用一分钟的时间活动一下手脚，可以坐在椅子上把腿伸直，然后转动脚踝——有的人可以听到自己的关节发响的声音，这说明他已经太缺乏运动了。让手指暂时离开鼠标和键盘，十指交叉，将手臂尽量向前或向上伸展。还可以调整一下坐姿，挺直腰背，让因为驼背而受到挤压的内脏减轻一下压力，同时收紧臀部，让那部分的肌肉也稍稍松弛一下。

她还要求员工们每隔一两小时就闭目养神一会儿，或者干脆离开电脑，到处走一走。员工之间有什么问题要交流，尽量少用电子邮件，而是起身走到对方面前用语言沟通。

这些小动作一旦养成了习惯，那些零散的一分钟所起到的作用让每个人都感到惊讶。一年之后，经体检证实，员工们的健康竟然有了很大的改善。

格丽丝的一分钟运动法既简单又有效，并且让那些懒于运动的人再也找不到偷懒的借口：你总不至于连一分钟的闲暇时间都没有吧？

要锻炼身体不一定非得去健身房，因地制宜，你处处都可以找到运动的乐趣。

坐公交车的时候尽量站着，在保持身体平衡的情况下，重复用将脚跟提起的办法来锻炼腿部肌肉，如果害怕动作幅度比较大会引起别人的注意，那就可以收紧臀部肌肉几秒钟后再放松，多重复几次就会有效果。手抓在吊环上，手臂可以微微用力，好让手臂的肌肉也有紧张感。

你还可以提前一站下车，用步行的方式到达目的地，别忘了走路可是最简单的、有效的健身方式。放弃电梯而走楼梯也是好办法。

在家里看电视的时候，不要把身体都蜷在沙发里，伸直腿运动一下脚踝，或是在脚底踩一个网球滚动，按摩一下脚底。

这些运动都不会浪费你太多的时间，也不用你花钱就可以做到。如果你连这些都不肯做，那就只能眼睁睁地看着自己的身体受损害了。要记住，你只有一副身体，任何一部分受到伤害，都是没有地方可以"换零件"的。即使换了，它也不会比"原装"的好用。

为任何事都不值得生气

智者说："暴怒源于内心的软弱。"没有人会因为生气而变得更强大、更富有、更快乐、更聪明或是更健康。

要保持良好的身体状况，必须要有高昂的情绪和健康乐观的思想。仁爱、平和、欣喜、欢快、善良、无私、知足、宁静，这些精神品质得于心而形于外，能使人体的各种机能和谐运转，赐予你健康的体质。

而愤怒、牢骚、忧虑、嫉妒、自私、恐惧、仇恨、消极，这些不良的情绪会像魔鬼一样将我们引向低谷，不仅不利于事业的发展，而且还会严重地损害我们的健康。

新加坡有一位许哲居士，她出生于清光绪二十四年（1898年），今年已经112岁了。但是从外表看起来，这位百岁老人就像60几岁的人一样，她头发银白，皮肤光滑，耳聪目明，手脚利落，精神、体力甚至不输给一般年轻人，尤其是当她柔软的肢体做瑜伽动作时，令观者无不为之赞叹。

她虽然已经112岁了，却仍然在为别人服务，在照顾着许多年纪比她小得多的老人，并随时随地关心周围的人。

常有人问许哲居士的长寿秘诀，她解释说，今天起来今天做工，不停地做工，做义工。同时，她不厌烦，不生烦恼心，不吃肉，不沾咖啡、烟、酒，所以，她的身心能常保平静、喜悦。

有记者问她，现在社会上有很多不道德的事发生，您看了生不生气？许哲居士说："街上有那么多人，我走到街上就会看见他们，但是回到家里就会全都忘了。对于那些不好的事，也是一样的。"不让外因触及自己的内心世界，也不让别人犯下的过错来扰乱自己的情绪。她说不能生气，一生气身体就像经过一次地震一样，三五天都恢复不过来，对身体的伤害太大了。

许哲居士关于生气对身体的影响的比喻真是太形象了，我们的身体就如同一个小小的地球，愤怒的情绪会让我们的身体遭受严重的灾难。

日本的江本胜博士著有《水结晶的启示》一书，在书中他用大量的照片证实了自己的论点。人体70%是水，人的生命在最初有90%是水，到老年身体衰弱的时候也还有大约60%的水分。可以说，人的一生都是离不开水的，我们身体的每一个细胞里都充满了液体，若说人体是由水构成的也并不为过。

江本胜博士发现，人的情绪对水结晶有着十分明显的影响。他做了一个试验，将两瓶取自同一水源的纯净水分开放置，其中一瓶让人每天对它说感谢的话，而另一瓶却让人对它说诸如"你是个混蛋"、"我要杀了你"之类的话。结果，第一瓶水的水结晶庄严而美丽，散发着圣洁的光辉；而第二瓶水的水结晶却被破碎混乱得不成形状，丑陋而且充满了恶意的气息。由此可见，人的情绪和表现是在多么直接地影响着水结晶的变化。

那些破碎的水结晶要恢复正常状态，需要花很多时间，而且需要外界向它们传递健康的、正面的信息。所以说，如同我们的身体，在经历一次盛怒之后，可不就像经过了一场严重的地震吗？经常生气，身体就会一直处于这种余震未了、灾祸横生的状态，人的健康又怎么能不受损呢？

生气既不可能让你富有、强壮，也不可能提高你生活的品质，它除了暴露你的虚弱之外，就是让你失去健康。只有那些有自制力的人，才不会沦为情绪的奴隶，才能阻挡负面的情绪来损害自己的健康。

绝望是最可怕的疾病

并不是每个人都能拥有强健的体魄，有人天生肢体就有缺陷，有人或许正在经受着疾病的威胁。那么，除了改变自己错误的生活习惯和观念，让自己通过正确地运动、正确地选择食物、正确地控制情绪以使身体处在最佳状态之外，我们还应该做些什么呢？

8 年前，医生宣告玛丽亚将不久于人世。

在绝望中，她向最要好的朋友哭诉自己的不幸和悲伤。朋友用最大的同情心认真地倾听完她的哭诉，最后对她说："亲爱的玛丽亚，在刚刚过去的几个小时里，你一直在对我描述你的不幸，你后悔过去不曾关爱自己的健康，你抱怨医学不够发达，你担心死亡会很痛苦，你对一切束手无策。可是，你有没有意识到，就在你的哭诉中，宝贵的生命又浪费了几个小时，你为什么不让自己振作起来呢？要知道，这样哭下去的话，根本不可能挽救自己的生命。既然你已经碰到了最坏的情况，就应该面对现实，然后想点儿办法。"

玛丽亚说："可是我很害怕……"

朋友说："疾病会因为你害怕而消失吗？死亡会因为你害怕而永远不降临吗？你应该燃起斗志，既然现在已经是最糟糕的情况了，事情再也不会比现在更坏了，那你还有什么可怕的呢？"

玛丽亚沉默起来，想了很久，她发誓说："我不会再哭了，因为哭泣并不能挽回我的健康，我一定要活下去！"

她开始接受每天超长时间的 X 光照射，虽然她感到骨头像岩石一样从身上凸出来，两只脚肿得像铝块，可玛丽亚仍面带微笑来迎接所有的痛苦。"疼痛证明我还活着。"她说。

同时，玛丽亚积极地寻找各种治疗方法和药物，她用愉快的精神状态来抵抗身体的疾病。8 年过去了，玛丽亚的病奇迹般地康复了，她从来没有像现在这样健康过。她永远都记得朋友对她说的话："面对现实，然后想点儿办法。"

很多时候，真正将我们击倒的不是病魔，而是绝望。而心态的改变，却可以让你重获生命。在生活中，每个人都可能遇到这样或那样的不幸，但是真正对你构成致命创伤的，是你自己对这一切感到的绝望。

1967 年夏天，美国跳水运动员乔妮·埃里克森在一次跳水事故中身负重伤，除脖子之外，全身瘫痪。

乔妮怎么也摆脱不了那场噩梦，不论家里人怎样劝慰她，亲戚朋友们如何安慰她，她总认为命运对她实在不公。

她陷入了深深地绝望。但是很快她又振作了起来，她拒绝了死神的召唤，开始冷静地思索人生的意义和生命的价值。

她借来许多介绍前人如何成才的书籍，一本一本认真地读。她虽然双目健全，却因为全身只有脖子能动，只能靠嘴衔根小竹片去翻书，劳累、伤痛常常迫使她停下来。休息片刻后，她又坚持读下去。通过大量的阅读，她终于领悟到：残疾不是绝境，许多人残疾了以后，却在另外一条道路上获得了成功。自己也一定能行！于是，她想到了自己中学时代曾喜欢画画，为什么不能在画画上有所成就呢？她捡起了中学时代曾经用过的画笔，用嘴衔着，开始练习画画。

这是一个多么艰辛的过程啊！用嘴画画，她的家人连听也未曾听说过。

他们怕她不成功而伤心，纷纷劝阻她，可是，她学画的决心却更坚定了，她常常累得头晕目眩，汗水把双眼弄得辣痛，甚至有时委屈的泪水把画纸也打湿了。为了积累素材，她还常常乘车外出，拜访艺术大师。几年过去了，她的辛勤劳动没有白费，她的一幅风景油画在一次画展上展出后，得到了美术界的好评。

这时，乔妮又开始了文学创作。1976 年，她的自传《乔妮》出版了，轰动了文坛，她收到了数以万计的热情洋溢的信。又有两年过去了，她的《再前进一步》一书问世了。该书以作者的亲身经历告诉残疾人，应该怎样战胜病痛，立志成才。后来，这本书被搬上了银幕，影片的主角就由她自己扮演，她成了青年们的偶像，成了千千万万个青年人自强不息、奋进不止的榜样。

如果乔妮听从自己内心中绝望的指挥，那或许用不了多久她就会凄惨地死去，但是乔妮没有被伤痛吓倒，她以健康的心态去面对自己残疾的身体。或许乔妮的残疾让她的成功和喜悦打了折扣，可是她的坚强不屈和积极的人生态度却令她的生活从绝望中走出来，步入更高的辉煌。

　　每个人都想获得高品质的生活，越来越多的人开始更加重视自己的精神享受和内心的修养。但是，请不要忘记关爱你的身体，我们一定要把健康放在首位。同时，当人生突遇变故而失去健康的时候，也要正确面对，绝不能陷入绝望之中，对恢复健康而言，绝望是最大的敌人。"面对现实，想点儿办法。"这是健康人生的唯一选择。

张弛有度，身心才会更健康

　　生活中，人们的眼睛往往只盯着排得满满的工作表，让自己忙碌得如同打转的陀螺，而这实在不是健康的生活态度，只有懂得放松，生活才会更美好。

　　不停地奔波、拼命工作，却永无止境，如同奔跑在一条环形的跑道上，无论你怎样坚持，实际上却怎么也找不到起点，也永远没有终点。于是，人就不再成其为生活的人，已经变成了工作的机器——似乎只需要持续地工作就行了。

　　生活中，造成人们这种经常性精神紧张的原因，主要源于自身定力的缺乏。人们还不习惯松弛大脑，总是把注意力放在"下一步该做什么"上：进餐时，似乎忘记了口中佳肴的美味，却一味琢磨着"餐后将会上什么甜点？"甜食端上餐桌后，又开始考虑"晚上该做什么？"而到了晚上又思索周末的安排。

　　而下班后，当我们带着一身的疲惫回到家中，不是躺下休息片刻，陪家人聊聊天，而是立即打开电视查看股市信息；拿起话筒与人通话谈论第二天的工作安排；翻书开始阅读；或是开始打扫卫生……我们真的是害怕"浪费掉"哪怕只是一分钟的时间，我们似乎总是在为将来而生活，为幻想中的美好前景而生活。

　　但是，一个人如果弓弦总是绷得很紧，就会觉得日子平淡乏味，并且很容易产生"疲劳综合症"。因此，人生既需要努力拼搏，也需要善于休息和娱乐，学会享受生活，从而在平淡的日子里产生出一种不平淡的感觉。

　　在美国东部的小镇上，人们的生活方式是这样的：他们很少有事"去做"，并会对你说："无事可做对你有好处！"你可能会认为主人是在跟你开玩笑，"我为什么要空耗时间，选择无聊呢？"但主人却很认真地告诉你，如果你能给自己腾出一点儿闲暇，花上一个小时或短一点儿的时间什么都不做不想，你将不会感到无聊与空虚，你会体会到生活的轻松愉悦。也许开始时你很不习惯——毕竟你是忙惯了的人，如同一个生活在大城市的人初到乡间时，会对新鲜空气很不适应一样。但只要坚持做下去，就一定能体会到放松身心的好处。

　　其实，如果放慢脚步你就会发现，在这个世界上，确实有许多美丽可爱之处值得我们去发现和欣赏。北宋时期著名学者程颢在《春日偶成》诗中写道："云淡风轻近午天，傍花随柳过前川。时人不识余心乐，将谓偷闲学少年。"在云淡风轻、晴朗和煦的春天，正是接近中午的时分，诗人信步走到了小河边、田野里、河岸边，一簇簇的野花沐浴着春日的阳光，灿烂地绽放。河边的垂柳更是在春风里轻柔地摇摆着，这是多么美好的意境啊！旁人看到诗人这么悠闲，还以为诗人聊发了少年狂，像年轻人那样贪图玩乐呢！哪知道诗人此时此刻心情的惬意恬静呢？此时此刻，春天大自然的明丽柔美，与诗人自得其乐的闲适心情有机地融为一体。

当然，我们并不是想让大家学着偷懒，而是让大家学会一种生活的艺术——忙里偷闲，享受生活。要做到这一点，无需探寻任何技巧，而且随时随地都可以做到，只要允许自己偶尔忙里偷闲、无事可做，然后有意识地坐下来，停止手中的工作就可以了。

英国的一位知名经理人曾说过："当我脱下外套的时候，我的全部重担也就一起卸下来了。"我们要学会在日常的生活和工作中，善于脱下乏味和疲劳的外套。除了利用休假旅游和娱乐之外，在办公室里自我调节也有不少"脱外套"的方法：你可以望望窗外的景致，也可以体味一下大脑的思维和感受，一切顺其自然、不加控制即可。

还有一位大公司的总裁经常在工作紧张的空隙把房门紧闭，在办公室内跳椅子，美其名曰"室内跨栏"。大发明家爱迪生在千百次枯燥的实验中，常常用两三句诙谐的笑语逗得大家哈哈大笑、前仰后合。而林肯更胜一筹，他能在事态严重、大家精神紧张、面临很大压力的时候，用诙谐的语言或幽默的举动，将阴云密布的局面打破，以使大家心理松弛、思想活跃，寻找出解决难题的最佳办法。

实际上，许多真正的成功者，都是忙里偷闲的行家里手，都是心态健康平和的人。他们或者每天至少抽十几分钟空闲来进行沉思或神游，或者不时亲近一下大自然，再不然就躲进洗澡间舒舒服服地泡上半个小时，让自己放松下来。

一位医生举起手中的一杯水，然后问因劳累过度而住院的病人："你认为这杯水有多重？"病人回答说："大概50克左右。"

医生则说："这杯水的重量并不重要，重要的是你拿多久。拿一分钟，你一定觉得没问题；拿一个小时，可能觉得手酸；拿一天，可能得叫救护车了。"

其实，这杯水的重量是一直未变的，但是你如果拿得越久，就觉得越沉重。这就像我们承担的压力一样，如果我们一直把压力放在身上，不管时间长短，到最后，我们就会觉得压力越来越沉重而无法承担。

医生说："我们必须做的是，放下这杯水，休息一下后再拿起这杯水，如此，我们才能够拿得更久。"

美国哈佛大学校长在来北京大学访问时，曾经讲了一段自己的亲身经历。有一年，校长向学校请了 3 个月的假，然后告诉自己的家人："不要问我去什么地方，不要管我生活得怎样，我每个星期都会给家里打个电话，报个平安。"

校长只身一人去了美国南部的农村，尝试着去过另一种全新的生活。他完全忘却了自己的身份，到农场去打工，去饭店刷盘子。在地里做工时，背着老板吸支烟，或和自己的工友偷偷说几句话。这些有趣的经历都让他有一种前所未有的愉悦。

最后，他在一家餐厅找到一份刷盘子的工作，干了几个小时后，老板把他叫来，跟他结账："没用的老头，你刷盘子太慢了，你被解雇了。"

"没用的老头"重新回到哈佛做校长。回到自己熟悉的工作环境后，他觉着以往再熟悉不过的东西都变得新鲜有趣起来，工作成为一种全新的享受。更重要的是，当他再回到一种原来的状态以后，就如同儿童眼中的世界，不自觉地清理了原来心中积累多年的垃圾。他通过这种定期给自己心理清污的方式，更好地享受到了工作和生活的乐趣。他的做法可谓别具一格。

其实，我们应当每天都安排好自我放松的时间。让身心得到休息，一般 30 分钟即可，如心情过度紧张，可酌情延长。可以每隔一段时间和爱人讨论一下家务事，这种经常性的沟通不仅能增进夫妇感情，消除不必要的误会，也可以及时发现问题并妥善解决。休闲时多看喜剧，听听音乐，保持心情愉快。工作未做完之前，不要给自己一再加码，因为工作超出自己能承受的限度，最容易让人心烦意乱，而适度的放松，工作起来才更轻松、更有成效。

冲得太快，生活可能会让你感到窒息，因此，你应当经常让自己放松一下，这样你的身心才会更健康。

第十章
男人的品位是享受生命的每一天

在喧嚣的尘世中，在熙熙攘攘的人群中，男人总是脚步匆匆地追逐成功，而忽略了自己的生活。事实上，人活着不只是为了追求成功，更是为了感受幸福。所以，男人应当为自己留下一点儿空闲时间去经营亲情、爱情，培养爱好，放松身心。只知道奋斗不懈，不懂得休闲，只会使幸福渐行渐远。

告诫自己要活在当下

  很多人都会为年龄而担忧。有的人会计划什么年龄做什么事，如果做不到就会忧心忡忡，认为自己浪费了大好光阴，产生时不我待的感慨。还有的人总是感叹时间过得太快，自己还没享受过花花世界，居然就已年纪一大把了，遂常常叹息："唉，老了！"

  其实，大多数人都是把目光放在明天，而忘记了关注"现在"。有人说："明年我要换更大的房子。"有人说："下学期我要好好学习，争取英语过四级。"有人说："下次假期我再带家人去旅行。"有人说："等下次有机会我再向朋友道歉，这次就算了。"也许到他们所说的"明天"会真的实现自己所说的话，但是他们会因此而快乐吗？不，因为他们又在计划着"明天"，而忘了享受"现在"的快乐。

  有个小和尚，每天早上负责清扫寺院里的落叶。

  清晨起床扫落叶实在是一件苦差事，尤其在秋冬之际，每一次起风时，树叶总随风飞舞。每天早上小和尚都需要花费许多时间才能清扫完树叶，这让他头痛不已。他一直想要找个好办法让自己轻松些。

  后来他想了个办法，在明天打扫之前先用力摇树，把落叶统统摇下来，后天就可以不用扫落叶了。第二天他起了个大早，使劲地猛摇树，这样他就可以把今天跟明天的落叶一次扫干净了。一整天小和尚都非常开心。

隔天早上，小和尚到院子里一看，他一下呆住了，院子里如往日一样满地落叶。老和尚走了过来，对小和尚说："傻孩子，无论你今天怎么用力，明天的落叶还是会飘下来。"小和尚终于明白了，世上有很多事是无法提前的，唯有认真地活在当下，才是最真实的人生态度。

古希腊学者库里希坡斯曾说："过去与未来并不是'存在'的东西，而是'存在过'和'可能存在'的东西。唯一'存在'的是现在。"

一天早餐后，有人请一位法师指点。法师邀他进入内室，耐心聆听此人滔滔不绝地谈论自己存疑的各种问题达数分钟之久，最后，法师举手，此人立即住口，想知道法师要指点他什么。

"你吃了早餐吗？"法师问道。

这人点点头。

"你洗吃早餐的碗了吗？"法师再问。

这人又点点头，接着张口欲言。

法师在这人说话之前说道："你有没有把碗擦干？"

"有的，有的，"此人不耐烦地回答，"现在你可以为我解惑了吗？"

"你已经有了答案。"法师回答，接着请他离开。

这人觉得很纳闷，他苦思了几天之后，才终于明白法师点拨的道理。法师是提醒他要把重点放在眼前，必须全神贯注于当下，因为这才是真正的要点。

当下是什么？当下就是你唯一可以掌握的。过去已经不会再回来，而未来尚未到来，只有现在才是真实的。

活在当下，就是让你把关注的焦点集中在现在，而不是对眼前的一切熟视无睹。人生是要一天一天度过的，事情是要一件一件去做的，你可以计划明天，但不可能预支明天，如果把力气耗费在未知的明天，那你的今天就会白白浪费了。

所以，何必感慨年龄呢？你的感慨并不会让时间停留，只会让你又浪费了一天的生命。

《百喻经》里有一个故事：一只猩猩得到了一把豆子，它抓在手里，高高兴兴地在路上走，一蹦一跳地，一不留神，手中的豆子掉落了一颗在地上，于是，猩猩马上把手中的豆子放在路边，趴在地上寻找那颗丢失的豆子。可是它转来转去，东寻西找，始终不见那颗豆子的踪影。最后，猩猩只好爬起来，准备拿起刚才放在一旁的豆子继续赶路。谁知那把豆子已经被路旁的鸡鸭吃得一粒也不剩了。

愚蠢的猩猩，为了找寻一颗失去的豆子，而丢掉了所有的豆子。想想我们自己，有时也在犯同样的错误。有人会执著于年龄，感叹从前没有怎样怎样，以致现在如何如何，他却忘了过去是永远也找不回来了，只顾叹息过去，眨眼间，现在也变成了他所叹息的过去。这样的人，不是把希望寄托于未来，但两者同样令人感到惋惜。

你见过梅花感慨自己的年龄吗？老树寒梅自然别有风骨可画。如果你意识到年龄的增长是生命的自然现象，那么你就不会在意时间的流逝，而是认真地过每一天了。

崔昊和一位曾留学德国的老师谈起老师在德国的留学生活。

老师说："在德国，因为学制还有一些适应的问题，有些人一待就会待上 10 年才拿到博士学位。"

崔昊说："哇！那么久啊！"对于才 20 岁的他而言，10 年，不就是生命的一半了吗？

老师笑了笑："你为什么会觉得那么久呢？"

崔昊说："等拿到学位回国工作，都已经三四十岁了呢！"

老师："就算他不去德国，有一天，他还是会变成'三四十岁'，不是吗？"

"是的。"崔昊犹豫着答道。

老师："你想透了我这个问题的含义了吗？"

他不解地看着老师。"生命没有过渡，不能等待，在德国的那10年，也是他生命的一部分啊！"老师语重心长地说。

"啊！我了解了！"

那一段谈话，对崔昊的影响很大，他学会了一个很重要的生活哲学与价值观。

有段时间工作很忙，有朋友问他："你要忙到什么时候呢？"

"我应该要忙到什么时候？或者说到什么时候我才该不忙呢？"崔昊反问，朋友答不上来。

"忙碌也是我生活的一部分，重点应在于我喜不喜欢这样的'忙碌'。如果我喜欢，我的忙碌就应该持续下去，不是吗？"崔昊说道。

忙碌不是生命的"过渡阶段"，而是最珍贵的生命的一部分。很多人常会抱怨："工作太忙，等这阵子忙完后，我一定要……"于是一个本属于生命一部分的珍贵片段，就被定义成一种过渡与等待。

"等着吧！挨着吧！我得咬着牙度过这个过渡时期！"当这样的想法浮现，我们的生命就因此遗失了一部分。

生命没有过渡，不能等待。所以，努力让自己关注现在吧，珍惜自己的每一个生命阶段、每一个生命过程和每一个年龄段，因为这些就是生命，是不能重来的生命。

活在当下，不要太注重年龄，年龄除了证明你在世界上活了多久，其他的都毫无意义。

享受生命中宁静而淡远的美

在约瑟芬·哈特的小说《损害》中，一名角色悲叹说："光阴像匹骏马，在我的生命中疾驰而过，完全占了上风，我几乎连缰绳都抓不住。"其实，年龄增长并不可怕，可怕的是年龄增长而人生价值却未能实现。

我们不应该畏惧衰老，因为它是生命完整的一部分。人生每一个阶段都有其不可替代的美丽，不容错过，也不必惋惜。

西班牙伟大的画家毕加索死的时候是 91 岁。被称为"世界上最年轻的画家"。这时，或许会有人问 91 岁怎么还能称最年轻呢？这是因为在 90 岁高龄时，他拿起颜色和画笔开始画一幅新的画时，对世界上的事物好像还是第一次看到一样。

一般认为：年轻人总是在探索新鲜事物、探索解决新问题的方法，他们热衷于试验，欢迎新鲜事物，他们不安于现状，朝气蓬勃，从不满足；老年人总是怕变化，他们知道自己什么最拿手，宁愿把过去的成功之道如法炮制，也不愿冒失败的风险。

但是，毕加索 90 岁时，仍然像年轻人一样生活着，他不安于现状，寻找新的思路和用新的表现手法来运用他的艺术材料。

大多数画家在创造了一种属于自己的绘画风格后，就不再改变了，特别是当他们的作品受到人们的欣赏时更是这样。随着艺术家的年龄的增长，他们的绘画风格虽然也在变，可是变化不会很大了，而毕加索却像一位始终没有找到属于他的特殊艺术风格的画家，千方百计地寻找完美的手法来表达他那不平静的心灵。

他身上首先引人注意的地方就是那睁大了的眼睛的眼神。美国著名女作家格屈露德·斯特安在毕加索还年轻时就曾提到他那如饥似渴的眼神，我们现在也可以从毕加索的画像中看到这个眼神。毕加索在 1906 年给斯特安画了一张像，他是通过自己的记忆画了她的脸的。看过这张画的人对毕加索说：这不像斯特安小姐本人。毕加索总是回答说：太遗憾了，斯特安小姐必须设法使自己长得跟这张画一样才行呢。但是 30 年之后，斯特安说，在她的画像中，只有毕加索给她画的那张，才把她的真正神貌画出来了。毕加索作画，不仅仅用眼睛，也用思想。

毕加索的画，有些色彩丰富、柔和，非常美丽，有些用黑色勾画出鲜明的轮廓，显得难看、凶狠、古怪，但是这些画启发我们的想象力，使我们对世界的看法更深刻。面对这些画，我们不禁要问，毕加索看到了什么使他画出这样的画来？我们开始观察在这些画的背后究竟隐藏着什么。

毕加索一生创作了成千上万种风格不同的画，有时他画事物的本来面貌，有时他似乎把所画的事物掰成一块块的，并把碎片向你脸上扔来。他要求一种权力，不仅把眼睛所能看到的东西表现出来，而且把我们的思想所感受到的也表现出来。他一生始终抱着对世界十分好奇的心情作画，就像年轻时一样。

既然年龄是勒不住缰绳的骏马，为什么我们不在马背上优雅地欣赏人生的风景呢？当我们从容而优雅地体会生命中宁静而淡远的美时，生命就会把关于年龄的秘密悄悄地告诉给我们，让我们在身体在逐渐走向衰老时仍然保持婴儿一样清亮而坦然的眼神。

别掉进"明天"这个陷阱里

现代人的娱乐资源十分丰富，有的人便沉溺于享乐，从不为增加生命的厚度而努力。他们常挂在口边的就是："今朝有酒今朝醉，哪管明朝是与非。"他们不怕老，因为他们总以为自己不会老。他们总是把今天该做的事拖到明天，殊不知，明天便是一个最大的陷阱。

冥王哈迪斯发现近来地狱的人口减少了，十分郁闷，便召来各位黑暗里的神魔商量对策。

会议开始，众神魔各抒己见。

谎言之神说："让我去告诉人类'丢弃良心吧！世上根本没有天堂！'"

哈迪斯神考虑了一会儿，摇摇头，表示否定。

欲望之神说："让我去告诉人类'尽情地为所欲为吧！因为死后

根本就没有地狱！'"

哈迪斯神想了想，还是摇摇头。

过了一会儿，懒惰之神说："我去对人类说'还有明天'！"

哈迪斯神眼睛一亮，终于点了点头，说："即使没有天堂，人类也不一定会丢弃良心；就算没有地狱，人类也不一定会为所欲为，这些都不足以把他们引向地狱。可是如果还有明天，那么人类就会更加纵欲享乐，不会珍惜时间。等他们察觉自己白白消耗了生命时，已经来不及了。"

古罗马作家奥维德曾经说过："时间给勤勉的人留下智慧和力量，给懒惰的人留下懊悔和空虚。"

如果总是把希望寄托于明天，而忘记珍惜当下的每一分，每一秒，那么就会落入死亡的陷阱，错失了生命的美好。而你失去的，是永远也追不回来的，因此，你唯一该做的就是过好今天。

卓根·朱达是哥本哈根大学的学生，有一年暑假他去当导游。因为他总是高高兴兴地做了许多额外的服务，因此几个芝加哥来的游客就邀请他去美国观光并愿意为他支付旅行的费用。旅行路线包括在前往芝加哥的途中，到华盛顿特区做一天的游览。

卓根抵达华盛顿以后就住进"威乐饭店"，他已经预付过那里的账单。他这时真是非常快乐，外套口袋里放着飞往芝加哥的机票，裤袋里则装着护照和钱。但是，当他准备就寝时，突然发现皮夹不翼而飞，他立刻跑到前台那里。"我们会尽量想办法。"经理说。可第二天早上仍然找不到，卓根的零用钱连两元都不到。自己孤零零的一个人待在异国他乡，应该怎么办呢？打电报给芝加哥的朋友向他们求援？还是到丹麦大使馆去报告护照遗失？还是坐在警察局里干等？

他突然对自己说："不行，这些事我一件也不能做。我要好好看看华盛顿，说不定我以后没有机会再来，但是现在仍有宝贵的一天待在这个国家里，好在今天晚上还有机票到芝加哥去，一定有办法解决护照和钱的问题。我跟以前的我还是同一个人，那时的我很快乐，现在也应该快乐呀！我不能白白浪费时间。"

于是他立刻动身，徒步参观了白宫和国会山庄，并且参观了几座大博物馆，还爬到华盛顿纪念馆的顶端。他原先想去的阿灵顿和许多别的地方去不成了，但他所到之处，他都看得更仔细。他用仅剩的那点儿钱买了花生和糖果，一点一点地吃，以免挨饿。

等他回到丹麦以后，这趟美国之旅最使他怀念的却是在华盛顿漫步的那一天——他非常珍惜而没有白白溜走的那一天。"现在"就是最好的时候，他知道在"现在"还没有变成"昨天我本来可以……"之前就把它抓住。

就在出事的那一天过了五天之后，华盛顿警方找到了他的皮夹和护照，并且送还给他。

在某些时候，人们不是因为享乐而浪费了今天，而是因为忧虑，认为明天或许会解决自己的问题，而今天只能用来忧愁。可是结果呢？只不过是为自己的生命里增加了苦闷的一天而已。可惜的是，任何年龄的人，都会犯同样的错误。

人生一世，草木一秋，谁愿意在生命里留下遗憾呢？可是，人生不可能没有遗憾，但是，我们至少要学会不为此而浪费更多的时间，而将注意力集中在自己可以做的事情上面。只有这样，我们才能把握住时间，活出蓬勃的朝气来。

也许会有人以为"覆水难收，悔恨无益"是陈词滥调，不屑一顾。虽然这句话是老生常谈的，但却蕴含了深沉的智慧。所谓谚语，就是人类长年累积的生活体验、世代相传的智慧结晶。

正如杨柳承受风雨，水适于一切容器一样，我们也要承受一切不可逆转的事实，对那些必然之事主动承受。我们要接受任何一种情况，使自己适应，然后就整个忘了它。在荷兰首都阿姆斯特丹一座 15 世纪的古老教堂的废墟上刻有这样的一句话："事情是这样，就别无他样。"

在生命中，我们都会碰到一些令人不快的情况，它们既然是这样，就不可能是别的样子。但我们也可以有所选择，可以把它们当作一种不可避免的情况加以接受，并且适应它，或者用后悔来毁了我们的生活，甚至最后可能会弄得精神崩溃。

我们必须接受和适应那些不可避免的事情。这可不是很容易就能学会的，就连那些在位的帝王也要常常提醒自己这样做。乔治五世在他白金汉宫房里的墙上挂着下面的这句话："教我不要为月亮哭泣，也不要为过去的事后悔。"叔本华也说过："能够顺从，就是你在踏上人生旅途中最重要的一件事。"

《费城日报》的富雷特·法兰杰特先生是一个懂得将古老真理融入现代生活因而受益的人。有一次，他在对某一所大学毕业生致词时说："曾拿过锯子锯过木头的人，请举手！"大部分的学生都举起了手。之后他又说："现在，曾拿过锯子锯过木屑的人请举手！"结果没有一个人举手。

"当然，拿锯子锯木屑是不可能的。木屑是锯剩的残渣，而我们的过去不也像木屑一样吗？为无法挽救的事追悔不已，不就像拿着锯子锯木屑一般吗？"富雷特说。

明天确实是一个陷阱，但有智慧的人能将之变为有益的希望。有了对未来的希望，对于今天就会善加利用，自然就会朝气蓬勃。这份豁达可以帮助我们跨越年龄所设置的障碍，真正随心所欲。只要一步一步走下去就好。

有时候，我们计算一下年龄，就会无端地产生一阵惊恐。原来生命已经过去了 1/4、1/3……而未来又是看不见、摸不着的，于是茫茫然不知所措。

别被年龄给吓倒了，也不用担心未来要如何达到，你要做的只是踏踏实实、一步一步地走下去就可以了。

鹅毛大雪下得正紧，漫山遍野都覆盖上了一层厚厚的白雪。

有一位樵夫挑着两担柴吃力地往山上爬，他要翻过眼前的大山才能到家。樵夫一脚深一脚浅地走在山地雪路上，寂静的山头只听见脚踩着雪发出的吱吱的响声。

肩挑沉重的柴，顶着凛冽的北风，樵夫每一步都十分费力。爬了许久很不容易地走了一段路以为离山顶近了，可是抬头仰望，看见前方仍没有尽头。

樵夫沮丧极了，跪在雪地上，双手合十乞求佛祖现身帮忙。

佛祖问："你有何困难？"

"我请求您帮我想个办法，让我尽快离开这鬼地方，我累得实在是不行了。"樵夫疲惫地坐在地上。

"好吧，我教你一个办法。"佛祖说完，把手向农夫身后一指接着说，"你往身后瞧去，看见的是什么？"

"身后是一片茫茫白雪，只有我上山时留下的脚印。"樵夫不解地说。

"你是站在脚印的前方，还是后方？"

"当然是站在脚印的前方，因为每一个脚印都是我踩下去后才留下的。"樵夫理所当然地回答。

"孺子可教！也就是说，你永远站在自己走过路途的前方。只是这个顶端会随着你脚步的移动而变化。你只需记住一点，无论路途多么遥远、多么坎坷，你永远是走在自己走过的路途的顶端，至于其他的问题你无须理会。"说完，佛祖便消失了。

樵夫照着佛祖的指示，果然轻松愉快地翻过山头，回到了家。

没错，人不应该畏惧未知的前途，只要你一步步向前走去，总会到达梦想的地方。

美国专栏作家威廉·科贝特曾在一篇文章中写道："我们的目光不可能一下子投向数十年之后，我们的手也不可能一下子就触及到数十年后的那个目标，其间的距离，我们为什么不能用快乐的心态去完成呢？"

年轻时，威廉·科贝特辞掉了报社的工作，一头扎进创作中去，可他心中的"鸿篇巨制"却一直写不出来，他感到十分痛苦和绝望。

一天，他在街上遇到了一位朋友，便悲伤地向朋友倾诉了自己的苦恼。朋友听了后，对他说："咱们走路去我家好吗？""走路去你家？至少也得走上几个小时。"朋友见他退缩，便改口说："咱们就走到前面两个路口吧。"

走过两个路口，他们停下来看了一会儿橱窗，然后又走了两个路口，再停下来听一个流浪艺人拉了一会儿小提琴。之后，他们便这样两个路口、两个路口地走下去。一路上，朋友带他到射击游艺场观看射击，到动物园观看猴子。他们走走停停，不知不觉就走到了朋友的家里。几个小时走下来，他们一点儿都没有感到累。

在朋友家里，威廉·科贝特听到了让他终身难忘的一席话："今天走的路，你要记在心里，无论你与目标之间有多远，都要学会轻松地走路。只有这样，在走向目标的过程中，才不会感到烦闷，才不会被遥远的未来吓倒。"

就是这番话，改变了威廉·科贝特的创作态度。他不再把创作看成是一件苦差事，而是在轻松的创作过程中，尽情地享受创作的快乐。不知不觉间，他写出了《莫德》、《交际》等一系列名篇佳作，成为美国一位著名的专栏作家。

人生就是这样漫长的路，留在身后的脚印是我们的过去，前面的路口是我们的未来。不要被这条路给吓倒，也不要担心自己走不完这条路，只要用轻松的心态走下去，目标就会实现，未来也会不期而至。

保持蓬勃的朝气和轻松的心态，不要去考虑自己已经活了多久，也不要担忧自己还能活多久，彻底把年龄给忘掉吧？但是别把你的日子过得天天都一个样，每天都重复同样的事，这样会让生活变得枯燥乏味，年龄的增加也会显得沉重了。

成功没有时间限制

有人说，如果30岁还没结婚、40岁还没成功，那就永远也找不到称心如意的爱人，也不可能会成功了。事实上，说这种话的人本身就不会是多么成功的人。实际上，成功是没有时间限制的，也就是说成功与年龄没有太大的关系。

有人调查了 100 位世界名人的成功经历，发现他们的成功经历并非按照一般的成功模式进行。在成功者眼里，时间限制并不能左右他们。

莫扎特 3 岁已能弹奏古典钢琴曲，并能记住只听一遍的乐段。

肖邦在 7 岁的时候，创作了 G 小调波罗乃兹舞曲。

爱迪生 10 岁那年，在父亲的地下室建立起一个实验室，开始了世界上最伟大的发明。

奥斯汀在 21 岁那年出版了世界名著《傲慢与偏见》。

福特在 50 岁那年采用了"流水装配线"，实现了汽车的大规模生产，使汽车售价大幅下降，开始在全世界普及。

丘吉尔在 81 岁时从首相位置上退下，回到下议院，但又获得一次议会选举。他开始学画，并成功展示了自己的作品。

100 岁的爵士音乐钢琴演奏家、作曲家尤比·布莱克还举办了自己的专场音乐会。在逝世前的 5 天，他对别人说："早知道我能活这么久，我会更加努力些。"

可见，成功对于一个人来说，并不在于他处于什么样的年龄，处于各个年龄段的人都可以有所作为。小到几岁，大到百岁，只要付出努力就可以成功，关键在于一个人的心态是否想要实现自己的目标，在于他是否付出了全部的努力。

奥马尔是一个有作为的人。他的头脑充满了智慧，而且稳健、博学，为人们所敬仰。

有一次，一个年轻人问他："您是如何做到这一切的，刚一开始您是否就已经制定了一生的计划了呢？"

奥马尔微笑着说：

"到了现在这个年纪，我才知道制定计划是没有用的。"

"当我十几岁的时候我对自己说：'我要用以后的第一个 10 年学习知识；第二个 10 年去国外旅行；第三个 10 年我要和一个美丽、漂亮的姑娘结婚并且生几个孩子。在我人生最后的 10 年里，我将隐居在乡村地区，过着我的隐居生活，思考人生。'"

"终于有一天，在第一个 10 年的第 7 个年头，我发现自己什么也没有学到，于是我推迟了旅行的安排。在以后的 4 年时间里，我学习了法律，并且成为了这一领域举足轻重的人物，人们把我当做楷模。"

"这个时候我想要出去旅行了，这是我期盼已久的愿望，但是各种各样的事情让我无法抽身离开。我害怕人们在背后斥责我不负责任，后来我只好放弃旅行这个想法。"

"等到我 40 岁的时候，我开始考虑自己的婚姻了，但总是找不到自己以前想象中美丽、漂亮的姑娘。直到 62 岁的时候，我还是单身一个人，那时候我为自己这么大把年纪还想结婚而感到羞愧，于是我又放弃了找到这样一个姑娘并且和她结婚的想法。"

"后来我想到了最后一个愿望，那就是找一个僻静的地方隐居下来，但是我一直没有找到这样一个地方。如果要有什么大的疾病，我恐怕连这个愿望都实现不了。"

"这就是我一生的计划，但是一个也没有实现。"

"孩子，你现在还年轻，不要把时间放在制定漫长的计划上，只要你想到要做一件事就马上去做。世界上没有固定的事物，计划赶不上变化。放弃计划，立刻行动吧！"奥马尔最后说。

人生不能没有计划，没有计划的人生就像在茫茫大雾中前行。制定计划固然很重要，但想规定每个年龄该干什么也是不现实的。甚至可以说，因为强求自己在什么年龄该做什么事，所以，使很多人的生活都处于盲目的"计划"之中。

有人觉得自己到了该结婚的年龄，于是匆匆忙忙找一个并不是真心相爱的人结婚，婚后才发现和对方的感情不融洽。有人觉得自己到了该有孩子的年龄，于是生一个孩子，可是在手忙脚乱中又发现自己其实还没有做好抚养和教育好孩子的准备。有人觉得自己到了该"享清福"的年纪了，于是退休在家，什么事也不做，每天只在门口呆望着某处地方，晒晒太阳。

这样的人生总是匆忙而且慌张的，就像一个人在追赶公车，总是害怕赶不上这班车，其实，错过了这班车还有下一班，急什么呢？每辆公车都开往同一个终点站，那是每个人都要去的地方，你不趁坐车的时候看一下沿途的风景，却让时间把自己逼得喘不过气来，这是不可取的。

计划赶不上变化，也没有必要规定自己在某一个年龄必须要取得成功，哪一个年龄错过了就再也没有机会。与其茫然、盲目地陷入时间陷阱，不如专注眼前，立即去做你现在就能做的事。

要记住：栽一棵树的最好时间是 20 年前，第二个最好的时间就是现在。

年龄不过是掌中的沙

你在海滩边玩过沙吗？有没有试过握一把沙在手中，握得越紧它流失得越快？有人将之比喻为婚姻，其实对于年龄又何尝不是如此？年龄也就像你手心里的那把沙，只不过你无论是握得松还是握得紧，它都会一粒不剩地从你手中流失。

每个人来到这个世界的时候，都紧握着拳头，但时间仍然毫不留情地从人们的手中流过。而当人们离开这个世界时，都摊开两手，既带不走什么，也抓不住什么。

想通这一点，你就会明白，无须刻意抓住你的时间，只要在一呼一吸之间珍惜它就已足够。因为，时间其实是抓不住的。

有一个寓言故事。蔚蓝的大海里，有一条快乐的鱼，它每天尽情地在海水中游动，它和身边许多的鱼说一些它所经历的故事。疲惫时，它就憩息在水草的中间，自由快乐是它的生活原则。但有一天，它遇到了另一条鱼。那条鱼对它说："我听说，有一个很远很远的地方叫大海，有比我们这里更宽阔的水域，那里有许多好玩的东西。如果你去那里，也许你的生活会有所改变的。""真的吗？"它问那条鱼。"是的。你去找找吧。"于是，它开始寻找大海了，它游啊游啊，每天疲惫极了，并没有看到它要找的大海。有一天，它终于累了，看到一条正在悠闲游动的鱼。它问那条鱼："你知道大海在哪里吗？"那条悠闲的鱼一听就笑了，说："你现在就在大海里呀！"

很多时候，人们生活得很紧张，追求这个追求那个，生怕自己一不小心错过了什么。在某一天，蓦然回首，却惊奇地发现，自己拥有的最好的年龄已经过去，而自己却从未珍惜过。于是他便懊悔不已，而此时他还不知道自己又犯了一个错误，那就是当下仍是他最好的年龄，他又没有珍惜。

一位作家说过："当你存心去找快乐的时候，你永远也不会得到快乐。唯有让自己活在'现在'，全神贯注于周围的事物，不去考虑你的年龄，快乐便会不请自来。"或许人生的意义，就在于享受一路走来的点点滴滴而已。

一个屡屡失意的年轻人千里迢迢来到普济寺，慕名寻到老僧释圆，沮丧地对释圆说："像我这样屡屡失意的人，活着也是苟且，有什么意思呢？"

释圆如入定般坐着，静静地听这位年轻人的叹息和絮叨，并没有开口劝解他，只是吩咐小和尚说："施主远途而来，想必渴了，你去烧一壶温水送过来。"小和尚应诺着去了。

不一会儿，小和尚送来了一壶温水，释圆抓了一把茶叶放进杯子里，然后用温水沏了，放在年轻人面前的茶几上，然后微微一笑说："施主，请用些茶。"年轻人低头看看杯子，只见杯子里微微地袅出几缕水汽，那些茶叶静静地浮着。年轻人不解地询问释圆说："贵寺怎么用温水泡茶？"

释圆微微一笑，也不解释，只是示意年轻人说："施主请用茶吧。"年轻人只好端起杯子，轻轻呷了两口。释圆说："请问施主，这茶可香?"

年轻人又呷了两口,细细品了又品,摇摇头说:"这是什么茶?一点儿茶香也没有呀。"释圆笑笑说:"这是江浙的名茶铁观音啊,怎么会没有茶香?"年轻人听说是上乘的铁观音,又忙端起杯子吹开浮着的茶叶呷了两口,又再三细细品味,还是放下杯子肯定地说:"真的没有一丝茶香。"

释圆又是一笑,吩咐门外的小和尚说:"再去烧一壶沸水送过来。"小和尚又应诺着去了。很快,便提来一壶壶嘴吱吱吐着浓浓白汽的沸水进来。释圆起身,又取过一个杯子,捏了把茶叶放进去,稍稍朝杯子里注了些沸水,放在年轻人面前的茶几上。年轻人俯首去看杯子里的茶,只见那些茶叶在杯子里上上下下地沉浮,随着茶叶的沉浮,一丝细微的清香便从杯子里袅袅地逸出来。

嗅着那清清的茶香,年轻人禁不住要去端那杯子,释圆忙说:"施主稍候。"说着便提起水壶朝杯子里又注了一些沸水。年轻人低头再看杯子,见那些茶叶上下沉浮得更密集了。同时,一缕更醇更醉人的茶香袅袅地升腾出杯子,在禅房里轻轻地弥漫着。释圆如是地注了5次水,杯子终于满了,那绿绿的一杯茶水,沁得满屋津津生香。

释圆笑着问道:"施主可知道同是铁观音却为什么茶味迥异吗?"年轻人思忖说:"一杯用温水冲沏,一杯用沸水冲沏,用水不同吧。"

释圆微笑着点头:"用水不同,则茶叶的沉浮就不同。用温水沏的茶,茶叶就轻轻地浮在水之上,没有沉浮,茶叶怎么会散逸它的清香呢?而用沸水冲沏的茶,冲沏了一次又一次,茶叶沉了又浮,浮了又沉,沉沉浮浮,茶叶就释出了它春雨的清幽、夏阳的炽烈、秋风的醇厚、冬霜的清冽。世间芸芸众生,又何尝不是茶呢?那些不经风雨的人，平平静静地生活，就像温水沏的淡茶平静地悬浮着，弥漫不出他们生命和智慧的清香，而那些栉风沐雨、饱经沧桑的人，坎坷和不幸一次又一次袭击他们，就像被沸水沏了一次又一次的酽茶，他们在风风雨雨的岁月中沉沉浮浮，于是像沸水一次次冲沏的茶一样，逸出了他们生命的一脉脉清香。"

是的，浮生若茶。我们何尝不是一撮生命的清茶？而命运又何尝不是一壶温水或炽烈的沸水呢？茶叶因为沸水才释放了它们本身蕴含的清香。而生命，也只有遭遇一次次的挫折和坎坷，才能留给我们一脉脉人生的幽香！

无论我们经历过多少悲喜，那都是生命给予我们的珍贵礼物，好好爱惜它们吧，让生命中每一个年龄都有各自的精彩。

切记，年龄是一个误区。想想看，对于每一个人来说，生命里充满了变数，任何一点儿变化都可能演绎出一个完全不同的人生。在这完全不可预测的无数变化中，只有年龄的变化是可预知的，可是人们却总在力求知道那些不可预知的变化，而对年龄遮遮掩掩、虚虚实实、悲悲喜喜。

对于不爱惜自己的人来说，就像在把手中的沙随意抛掉，甚至一股脑儿地扔进大海，让自己的年龄戛然而止，或是到年迈时才惊觉浪费了生命。而对于有智慧的人来说，会不松不紧地握着这把沙，也不会企图把沙粒留住，因为，他有比这更重要的事要去做，他要活在当下！

在快节奏的生活中放松自己

现代社会的生活节奏越来越快了，有些男人觉得自己像一条无助的小鱼一样，只能被潮流裹挟着向前游，完全没有机会放松自己。其实，你固然改变不了社会大环境，但却可以在个人生活上做点儿文章，使自己适应快节奏生活，同时又能享受轻松快乐。

1. 合理安排自己的生活

社会竞争日趋激烈，现代生活纷繁复杂、瞬息万变，但若合理安排，就能够让生活轻松、快乐。所谓合理，即是根据自己的生活、工作、学习的实际情况，一年四季的气候变化，自己身体的健康状况及对工作的应酬能力安排好一天、一周、一个月的生活。明确什么时候应该做什么事，什么事应该什么时候做，不随意变动。当然，合理安排好自己的生活可使自己的生活忙而不乱、有条不紊，但最重要的还在于，为自己合理的生活，养成良好的生活习惯。

2. 注意劳逸结合

尽管工作有时让你应接不暇、忙碌不停，但 8 小时之外，还应有可供自己支配的自由时间。不论体力劳动者还是脑力劳动者，都应在 8 小时工作之外，放松休闲，也应该有让精神和体力恢复的时间。听听音乐、看看影视、散散步，从而获得精神的轻松与愉快。最好不要在休息娱乐的时间里再增加大脑的负担，比如参加竞争性很强的娱乐、看惊险紧张的影视等，有计划地调节劳逸有益于身心健康。

3. 合理地调控时间

要合理安排每天的工作、学习和生活，实事求是地制定出每日、每周，甚至每月的工作计划及需要完成的目标，养成尽可能在限定时间内完成计划与任务的良好习惯。掌握时间的主动权，尽量避免由于时间安排与实际活动的冲突而造成的手忙脚乱。俗话说"一步慢，步步慢"，事情也会越积越多，会增加心理压力而使自己感到惶惶不可终日，日子当然也就轻松不起来了。

4. 别忘了给自己留有余地

应在每天工作与生活的时间安排上计算提前量，养成遇事提前行动的好习惯。例如，你清晨起床、洗漱、用早餐，然后赶车，准8点上班，恰好要用去一个半小时，若6点半起床时间刚好够用，那么，你不妨6点就起床，这样留有半小时的富余，便可从容行事。在上班途中，即使遇到堵车等意外时也会不急不躁，减少心理压力。其他如访友、看球赛、看电影也应当如此。

5. 集中精力提高工作效率

从事某种紧张活动时，大脑皮层相应的神经中枢部位及各部分器官，都处于兴奋状态，这种兴奋不是长时间不变的，过一段时间就要被抑制。因此，必须紧紧抓住这个时机，在大脑兴奋的状态下，把工作做好，这样不但提高了工作效率，也充分利用了大脑。

6. 不要太过逞强

现代生活不仅节奏快，同时也充满了激烈的竞争，但个人能力总是因人而异，而且是有限度的，太过逞强只会让自己活得越来越累，因此，每个人都应实事求是地衡量和估计自己，绝不要拼命蛮干，最后落得事业未成、身体累垮的结果，这该多么得不偿失啊！生活上则要知足常乐，量力而为，不盲目攀比，追求虚荣。坚持合适标准，在合理收入的范围内安排好自己的生活，这样你就会常常感到心安理得，从容自在。

7. 主动释放压力

当感到压力太大时，应当学会主动疏导、发泄，把自己的烦恼讲给亲人、同学、朋友，让郁闷释放出来，这样就可以减轻压力。

抱怨不会让你的生活变得轻松，抗拒也不能让你更快乐，只有做好自我调节，才能让你更好地安排生活，从而适应生活。

合理安排时间会使生活更轻松

每一个杰出的人，都善于把握时间、运用时间，在最短的时间内做最多的事情。美国一所大学的科研人员对 3000 名大学生做过调查发现，凡是成绩优秀的学生都善于安排时间。有时，成功与否的界限就在于怎样分配和利用时间。许多人往往认为，不过是几分钟、几个小时的时间嘛，有什么了不起，实在不行明天再去做。但是，这就是杰出者与平庸者对待时间态度上的根本差异。

科学地安排时间的能力，是一个成功人士必备的基本素质，可许多人觉得，提高效率没有错，但不能不顾条件和环境制约，主张一切"慢慢来"。明明三下五除二就可以解决的问题，到了某些人手中却非得拖个少则几天，多则几月，使许多事情事倍功半，究其原因，在于许多人心中缺乏时间观念，没有一个明确而高效工作的方式方法。现代社会已进入到市场经济、信息时代，任何陈旧的想法都应当主动抛弃。现代社会的竞争是能力的竞争、学识的竞争，也是效率的竞争，只有懂得合理安排自己时间的人，才有可能在效率上胜人一筹。

对于从事体力劳动的人来说，如果休息时间多的话，工作效率也会很高。弗雷德里克·泰勒，在贝德汉姆钢铁公司担任科学管理工程师的时候，就曾以事实证明了这个道理，泰勒选了一位名叫施密特的先生，让他按照马表的规定时间来工作。有一个人站在一边拿着一只马表来指挥施密特："现在拿起一块铁，走……现在坐下来休息……现在走……现在休息。"他曾观察过，工人每人每天往货车上装大约12.5吨的生铁，到中午时就已经筋疲力尽了。在对所有产生疲劳的因素作了一次科学性的研究之后，泰勒认为这些工人不应该每天只运12.5吨的生铁，应该每天运到47吨。照他的计算，他们应该做到目前成绩的4倍，而且不会疲劳，只是必须要运用合理的方法，这种方法就是一边休息，一边工作。

结果可想而知，别人每天只能装运12.5吨的生铁，而施密特每天却能装运到47.5吨生铁，而且弗雷德里克·泰勒在贝德汉姆钢铁公司工作的3年里，施密特的工作效率从来没有降低过，他之所以能够做到，是因为他在疲劳之前就有休息的时间：每个小时他大约工作26分钟，而休息34分钟。他休息的时间要比他工作的时间多，可是他的工作成绩却差不多是其他人的4倍！

有句话说得好："从一点一滴的小事可以看出一个人未来的发展。"一个人要做点儿事、成就一番事业，没有好的习惯是不行的。严格遵守作息制度，可以使我们在学习时集中精力，因而提高了效率。因此，生活有规律，对学习、工作和保护神经系统以及整个身心健康都很有益处。

良好的作息习惯，意味着要顺应人体的生物钟，按时作息，有劳有逸；按时就餐，不暴饮暴食；适应四季，顺应自然；戒除不良嗜好，不伤人体功能；尤其要保持足够的睡眠，保证每天有一定的体育锻炼。

人类的生活，有许多生理现象都要受到自身存在的一种与时间因素有关的物质的控制。这种物质与日常的钟表有着类似的作用，被称为"生物钟"。人体生物钟是一种复杂的生理过程，由松果体来"指挥"。松果体是脑内一个豌豆大小的腺体，分泌的激素叫松果体素（也叫退黑激素）。生物钟紊乱，松果体素极剧减少或丧失正常节律，将造成体内许多生理功能的紊乱，出现疲劳、睡眠障碍、内分泌失调、免疫功能下降，损害健康，甚至很容易生病。

如果能根据人体的这一生物钟安排作息时间，使生活节奏符合人体的生理自然规律，就可以保持充沛的精力，不容易得病。

不同的人，其生物钟的规律也不一样，大致分三类：昼型、夜型、中间型。但对于大多数人来说，目前正处在身心发展时期，不管生物钟是什么类型，都应当有这样一个共识：上午 8 点开始，要进入学习状态，白天的学习任务安排得满满当当。如果过分强调夜型，非通宵达旦学习不可，等太阳升起来，你却要倒床睡觉了，想想吧，这多么可惜！所以我们不应该过于强化自己的生物钟类型，而应该适应学习的规律。

拿破仑·希尔到麦迪逊广场花园去拜访一位参加过世界骑术大赛的骑术名将吉恩·奥特里。他注意到他的休息室里放了一张行军床，"每天下午我都要在那里躺一躺，"吉恩·奥特里说，"在两场表演之间睡 1 个小时，"他继续说道，"当我在好莱坞拍电影的时候，我常常靠坐在一张很大的软椅子里，每天睡两次午觉，每次 10 分钟，这样可以使我精力充沛。"

男人必须明白时间既不可逆转，也不能贮存，是一种不可再生的特殊资源，它的有限性决定了你必须很好地规划它，做到有效利用才能让它发挥最高效力。你生存的价值和境界就体现在你利用时间取得的成绩上。所以请不要忽视这个看不到、摸不着的东西。

只有放弃，才能享受快乐

常听到男人感叹活得太累，负担过重，但不知你想过没有，这负担都是你自己加上的：你忙着社交应酬、忙着钻营求地位、忙着求虚荣去名利……尽管人生奋斗的目的是获得，但为了让自己的人生更顺畅，对于一些不必要的东西是必须要放弃的。

学会放弃，是放弃那种不切实际的幻想和难以实现的目标，而不是放弃为之奋斗的过程和努力；是放弃那种毫无意义的拼争和没有价值的索取，而不是丧失奋斗的动力和生命的活力；是放弃那种为金钱地位的搏杀和奢侈的生活，而不是失去对美好生活的向往和追求。

面对纷繁复杂的世界和物欲横流的社会，懂得放弃的人，是会用乐观、豁达的心态去对待没有得到的东西的人，他们每天都有快乐和愉悦的心情伴随左右；而不懂得放弃的人，只会焦头烂额地横冲乱撞，他们不仅最终未能达到目标，而且每天都陷于得失的苦恼之中。

也许放弃当时是痛苦的，甚至是无奈的选择。但是，若干年后，当我们回首那段往事时，我们会为当时正确的选择而感到自豪，感到无愧于社会、无愧于人生。也许正是当年的放弃，才得以到达了今天的光辉的顶点和成功的彼岸。

有一首老歌，歌词最后几句是这样的："原来人生必须要学会放弃，答案不可预期；原来结果最后才能看得清，来来回回何必在意。"是啊！人生在世，何惧放弃。

欧洲金雕筑巢于高山悬崖，它以尖利的喙和强壮的爪宣布自己是天空中的王者。金雕一窝只孵出两只幼雏。在食物不足的年月，小金雕就会挨饿，金雕妈妈也只能眼看着孩子饿得嗷嗷地叫。这时，两只小金雕就用力互相挤靠，结果总是相对弱小的那只被挤下山崖摔死。而这时的金雕妈妈又总是容忍这种"兽行"。

人是难以理解金雕的，但是面对自然界的残酷，金雕必须如此，否则就会全部饿死。岂止金雕，我们人类不也时时面对着痛苦的放弃吗？

那么我们如何做到勇敢放弃呢？

我们要简化自己的人生。我们要经常地有所放弃，要经常地否定自己，把自己生活中和内心里的一些东西断然放弃。

如果我们永远凭着过去生活的惯性，日常积累的经验，固守已经获得的功名利禄，想要获取所有的力钱职位，什么风头利益都要去争，什么样的生活方式都让我们眼花缭乱，什么朋友熟人都不愿得罪，这样我们会疲于应付，把很多时间和精力都花在无谓的纷争与无穷的耗费上，这样不仅自己的正常发展受到限制，甚至迷失自己真正应该前行的方向。

在人生的一些关口，我们的生命中会长出一些杂草，侵蚀我们美丽而丰富的人生花园，摧毁我们幸福家园的麦地。所以我们必须要铲除这些杂草。放弃不适合自己的职业，放弃不适合自己的职位，放弃暴露你弱点与缺陷的环境和工作，放弃实权虚名，放弃人事的纷争，放弃变了味的友谊，放弃失败的爱情，放弃破裂的婚姻，放弃没有意义的交际应酬，放弃坏的情绪，放弃偏见恶习，放弃不必要的忙碌与压力。

铲除我们人生土地和花园里的这些杂草害虫，我们才有机会同真正有益于自己的人和事亲近，才会获得适合自己的东西。我们才能在人生的土地上播下良种，致力于有价值的耕种，最终收获丰硕的果实，在人生的花园里采摘到艳丽的花朵。

放弃得当，是对羁绊自己的藩篱的一次突围，是对消耗你的精力的人事的有力回击，是对浪费生命的敌人的扫射，是你在更大范围中发展生存的前提。

放弃得当，是对自己沉重的背包的一次清理，丢掉那些不值得你带走的包袱，拿掉拖累你的行李物件，你才可以简洁轻松地走自己的路，人生的旅行才会更加愉快，你才可以登得高、行得远，看到更美、更多的人生风景。

放弃那些不适合自己去充当的社会角色，放弃束缚你的世故人情，放弃伪装你的功名利禄，放弃徒有虚名的奉承夸奖，放弃各种蒙住你眼睛的遮羞布，你才能够腾出手来，用足够的精力和智慧来赢取你真正应该有的东西，充分地努力做好自己应该做的事，自由自在地发掘自己的潜力，明确地直奔自己应该追求的目标，坚定不移地走自己的路，充分实现自己的人生价值。

如果我们不及时地将损害我们的杂草和肿瘤放弃，不及时地将它们从我们的生活中铲除，从心灵中清理出去，它们就会妨碍我们本应快乐拥有的一切，绊住我们努力前进的脚，蒙住我们判断是非的眼睛，影响我们的生存环境，占据我们宝贵的人生空间，榨干我们生命土地里的水分和营养，打乱我们的发展次序，给人生添乱添烦。

生命对我们每一个人来说只有一次，我们不能让太多的、无关的人事功名来消耗我们的光阴和智慧；也不可能去成就多种事业，做到名利双收、事事如意；更不能和那些消耗我们的人和事来个持久战，让它们给我们不断地带来麻烦和损失。我们要用放弃来保护自己，成就自己，勉励自己。

放弃，需要背水一战的勇气和魄力，放弃是痛苦的、是残酷的、是难舍的、是悲凉的，需要心灵太多的挣扎和勇气，放弃意味着永远的丧失和缺憾，甚至有时需要我们重整旗鼓，从头来过。

放弃，需要智慧和远见。放弃，还意味着我们和一些我们想要的东西永远错过；放弃，有时使我们难以割舍的心疼心碎。放弃钻营权力和沽名钓誉，你将布衣终身；放弃金钱职位，你再没有了特殊和享乐的机会；放弃社交和朋友，你要承受孤独和寂寞；放弃失败的恋爱婚姻，你要独自飘零单飞。

放弃，尤其需要你调动自己的智慧和勇气，进行周密无悔的判断，下定一往无前的决心，然后破釜沉舟，果敢行事。

定位，要求我们学会争取，也要求我们学会放弃。如果你感到太苦、太累、太烦、太忙、太杂；如果你有太多的心事和苦恼；如果你失去了表现真我的机会；如果你没有得到真爱与真情；如果你的生活被众多的迷雾遮住了眼，这说明你的定位出现了偏差，说明你应放弃一些包袱和拖累。

一生之中，我们会遇到太多的诱惑，因此我们必须学会放弃，放弃那些对我们来说并非必要的东西，专注地把握自己真正的志趣和才能，这样人生才会富有内涵，回首人生时才会少一些遗憾。

让心灵回归宁静

现代人的心态越来越浮躁了，终日钻营求取，把自己也弄得心慌意乱。现在是该回归宁静的时候了。

佛家无门有一句语录：世界这般广阔，为什么僧人只披袈裟、听钟声？一般的僧人认为，能够执于声色，闻到钟声就能悟道，见到黄色就可以明心，知道自己是出家之人，要做出家之事，就认为了不起，是为专心致志了。无门大师却认为，能够做到以上的地步，在佛门当中不足为奇，处于初级阶段。你能够执于声色，为外境所转，说明你作为修禅人境界不高，只知糊里糊涂地过日子。你能够闻声悟道，见色明心，只是寻常事，不足为道。

能骑声盖色才是高僧。在声色，又能超声色。即从声色悟道，却又不滞于一声一色。对任何声色都能头头上明，着着上妙，都能悟道得大自在。用耳去听，由耳逐声，还是执著于外境。要用眼去听，能够打破原来声色的执著，才是圆融无碍的境界，这就是佛家入静的要求。一般人做不到用眼去听声音，但声色之中无声色总可以做得到。

动是世界的阳面，静是世界的阴面。阳面，是看世界的；阴面，是想世界的。动，是世界的亨通；静，才是世界的推动。

所以，人在行动的时候，往往会被认为很有力量，其实人在思想的时候，最有力量。

静不下来，是对静的意义认识不足；处变不惊，你才能静下来。

孔子说：迅雷烈风，必然使人变色。世界震动，许多人必然恐惧，如果因恐惧而戒备，后来就会幸福。当灾难来临，恐惧万分，但过后就忘记，谈笑自若，不知警惕，这样没有好处，将来要吃大亏。只有平时戒备的人，当突然遭到震惊，才不至于不知所措。

你要静得下来，要对周围发生的一切，有足够的思想准备，要知道发生的一切对你没有什么影响。即使有影响，你也有能力应付，这样，你才能静得下来。汲取了教训，你才能静得下来。

过去发生的事情，曾经使你夜不能寐、惊恐万状，但你已经有了经验了，再次发生这样的事情，你就能安静如初。你经历了打击，经历了磨难，经历了别人的整治，以后你重新面对这一切的时候，你内心也会平静如水。毛泽东说过，"不管风吹浪打，胜似闲庭信步。"这就是静的最高境界。

没有静思，总在动，不会有什么好结果。

江河奔腾，虽然能够百川汇海，然而，每一条江河都宣泄无度，就会泛滥成灾。民情沸腾，虽然能够百业兴旺，然而，每一个人都狂热无度，就会歇斯底里。群芳尽绽，虽然能够春光妖娆，然而，每一朵花都争奇斗艳，繁荣的背后已经隐藏着衰败。进而不急，动而不躁，张而不露，才是动的极致，也是静的基础。

静能生美、静能出思、静是万动之源，你为什么不先静下来呢？

生活不安定，思想不安定，周围就会缺少关照的人，心里一定很悲戚。这个时候，情绪容易激动。千万要坚守正道，小心行事。如果行为不安定了，那就要有一个固定的住所，把身先安定，然后安定心灵；如果心灵不安定了，那就要出游，要在山水间求得心灵的安定。

奥地利诗人莱瑙讲过一个关于 3 个吉普赛人的故事：他们 3 人正在沙漠中间一个荒凉的地方。第一个吉普赛人手拿提琴，悠然自得，自拉自唱一首热情的歌曲，夕阳就映照在他坚毅的脸上；第二个吉普赛人嘴里衔着烟斗，望着袅袅的烟雾，还是那样的快乐，好像世界上没有什么让他忧愁的；第三个吉普赛人却愉快地睡着了，他的提琴就丢在草丛中，风儿掠过他的琴弦，也掠过他的心房……

大度、随和，是安定的支柱。

贪婪、猜疑，是安定的蛀虫。

让心平静下来，以一颗泰然之心处事，才是人生的最高境界。